无人机反制技术与应用

王美佳 ◎ 著

 北京科学技术出版社

图书在版编目（CIP）数据

无人机反制技术与应用／王美佳著. — 北京：北京科学技术出版社，2024.5
ISBN 978-7-5714-3944-6

Ⅰ. ①无… Ⅱ. ①王… Ⅲ. ①无人驾驶飞机 – 研究
Ⅳ. ①V279

中国国家版本馆 CIP 数据核字（2024）第 100406 号

责任编辑：李　鹏
责任校对：贾　荣
装帧设计：小　盼　美宸佳印
责任印制：吕　越
出 版 人：曾庆宇
出版发行：北京科学技术出版社
社　　址：北京西直门南大街 16 号
邮政编码：100035
电　　话：0086-10-66135495（总编室）　　0086-10-66113227（发行部）
网　　址：www. bkydw. cn
印　　刷：雅迪云印（天津）科技有限公司
开　　本：787 mm × 1092 mm　1/16
字　　数：266 千字
印　　张：15. 5
版　　次：2024 年 5 月第 1 版
印　　次：2024 年 5 月第 1 次印刷
ISBN 978-7-5714-3944-6

定　价：98.00 元

随着无人机技术的快速发展，无人机在军事、民用等领域的应用越来越广泛，为经济社会的发展注入了新的动力，同时也给国家安全和公共安全带来了新的挑战。各类消费级的无人机在娱乐拍摄、电力巡检、地理测绘、应急指挥、农药喷洒等多个领域发挥着重要作用，在给人们日常生活带来便利的同时，也存在着被不法分子利用，进行偷窥拍摄、反动宣传、暴恐袭击的风险。近年来，国际上频频出现利用无人机袭扰、袭击重要人物和重要目标的事件，如 2023 年 5 月 3 日，俄罗斯克里姆林宫遭无人机袭击事件，为各国低空安全防御敲响了警钟。当前，北京地区无人机"黑飞"现象呈多发趋势，仅 2023 年上半年就出现"黑飞"事件 200 多起，带来侵犯隐私、扰乱公共秩序、暴力恐怖威胁等安全隐患，是新形势下空防安全的难点。在这一背景下，北京需要高度警惕境内外敌对势力利用无人机滋事搞破坏，须站在国家安全的角度积极主动作为，加强对无人机的探测和反制的科学研究和实战训练，坚决守牢首都低空安全的防线。

党的二十大报告指出，"国家安全是民族复兴的根基，社会稳定是国家强盛的前提。"首都是政治安全、社会稳定的重中之重。2019 年 1 月，在中央党校（国家行政学院）省部级主要领导干部坚持底线思维着力防范化解重大风险专题研讨班开班式上，习近平总书记强调，"要加快科技安全预警监测体系建设，围绕人工智能、基因编辑、医疗诊断、自动驾驶、无人机、服务机器人等领域，加快推进相关立法工作。"

反无人机技术主要包括探测技术和反制技术两类。探测技术包括雷达探测、无线电探测、光电探测和声波探测等，反制技术包括无线电干扰、导航欺骗、网捕拦截、高能激光毁伤、高功率微波毁伤等。市场上已涌现出许多反无人机设备，但这些设备各自都存在局限性，如声学探测设备的探测距离有限且易受干扰，光学传感设备只能在气象条件良好、光线充足的情况下发挥作用。雷达探测技术凭借其卓越的全天候运行能力、远距离探测能力、广阔的空域覆盖范围以及高概率的探测发现能力，已经成为无人机防御系统的核心探测工具；同时，光电、无线电和声波探测等尖端技术通常在雷达的指导下协同工作，以完成目标的高清成像、辅助准确分类识别以及提供全方位的视野盲区补充[1]。然而，无人机作为典型的"低慢小"目标，具有飞行高度低、运动速度慢、雷达散射面积小等特点，探测难度较高，加之其常处于低空环境，地物杂波干扰严重，使得雷达在探测时常常受到多径效应的影响。鉴于上述问题，推进微型无人机防御雷达的技术探索与应用开发，对于应对无人机带来的挑战、构筑成熟且有效的无人机防御体系至关重要[2]。

为更好地应对这些问题与挑战，有效整合人力和装备资源，全面提升应急处置能力，充分发挥大数据的支撑作用，大力加强反制无人机专业力量建设，系统优化反制装备应用管理，切实增强实战对抗演练，坚决守牢首都的低空安全防线，全力保障首都安全，笔者撰写了本书。本书分为八章，系统介绍无人机反制的相关知识、技能，以及案例场景和分析，为警务实战提供理论与实践相结合的支持。

第一章介绍无人机的种类、组成、原理和发展现状。通过对无人机的了解和认识，读者可以更好地理解和应对无人机带来的问题。

第二章介绍无人机的安全隐患、产生无人机"黑飞"现象的原因，并提出关于加强无人机管理的建议；介绍无人机反制的基本概念和阶段划分，以及无人机反制存在的问题和难点。

第三章介绍无人机探测技术和相关设备，包括雷达探测技术、无线电探测技术、光电探测技术、声波探测技术；分析无人机探测的技术难点，并对各种探测技术进行比较分析。

第四章介绍无人机反制拦截的技术和相关设备，比较各类技术的优缺点；介绍国内外无人机反制设备的发展现状和趋势。

第五章介绍穿越机的特点、发展现状，并提出关于加强穿越机管控的建议，以全力确保低空安全。

第六章介绍低空无人机交通管理的基本概念及无人机监管防控大数据

---

[1] 范殿梁，龚海烈. 无人机防控雷达技术研究及应用 [J]. 警察技术，2019（03）：8 – 11.

[2] 张亚豪. 低空小型无人机雷达检测与识别 [D]. 哈尔滨：哈尔滨工业大学，2021.

的组成，搭建集监测、识别、跟踪、定位、反制、分析、防控指挥等多种功能于一体的监测预警体系的方法，以期帮助实现低空空域安全的常态化管理与实时防控指挥。

第七章介绍公安机关无人机防控体系的构建，阐述适合不同场景的反制策略和方法。

第八章介绍无人机反制的设备，以及其使用方法，以提升无人机反制人员的反制能力。

期望本书能为全国的警务人员提供全面、系统、实用的指导，提高其对无人机反制的认知水平和应用能力，更好地应对无人机的广泛应用带来的挑战和问题，为维护国家安全作出贡献。

目　录

第一章 概 论

2023 年 6 月，国务院、中央军委发布了《无人驾驶航空器飞行管理暂行条例》（以下简称《条例》），自 2024 年 1 月 1 日起施行。《条例》中明确给出了无人驾驶航空器的定义，即无人驾驶航空器是指没有机载驾驶员、自备动力系统的航空器。

中国民用航空局印发的《轻小型民用无人机飞行动态数据管理规定》（民航规〔2019〕64 号）对无人驾驶航空器的定义是，机上没有驾驶员进行操控的航空器，包括遥控航空器、自主航空器和模型航空器。遥控航空器和自主航空器统一简称无人机。遥控航空器是指具备高度保持或者位置保持飞行功能，全程可通过遥控站（台）随时介入操控飞行的无人驾驶航空器。自主航空器是指全程智能自主飞行或者阶段人工无法介入操控飞行的无人驾驶航空器。模型航空器（航空模型）是指重于空气，有尺寸和重量限制，不能载人，不具有高度保持和位置保持飞行功能，不携带非体育运动用途任务载荷的无人驾驶航空器，分为自由飞、线控、直接目视视距内人工不间断遥控、借助第一视角人工不间断操控的模型航空器等。

第一节 无人机介绍

无人驾驶飞机（unmanned aerial vehicle，UAV）简称"无人机"，是一种不载人的航空器，其操作通过遥控设备或预设程序实现。在《条例》发布之前，地方政府制定的无人机管理规章往往将无人机定义为"低慢小"航空器。所谓的"低慢小"航空器指的是那些飞行高度 1000 米以下、飞行时速不超过 200 千米、雷达反射面积小于 2 平方米的航空器，主要包括轻型和超轻型飞机（包括直升机）、滑翔机、三角翼、动力三角翼、载人热气球、飞艇、滑翔伞、动力滑翔伞、无人机、航空模型、无人驾驶自由气球和系留气球 12 个子类别。所谓"低慢小"航空器的违规飞行，是指其未获得军队和民航空管部门的许可，擅自进行的飞行活动。

一、无人机的分类

无人驾驶航空器可完全或部分自主飞行，其历史可追溯至第一次世界大战时期，当时主要作为靶机使用。第二次世界大战后，部分退役或剩余飞机转型用于研究或作为靶机使用，为现代无人机应用奠定了基础。近期，无人机技术快速进步，被全球各行各业广泛采用，从军事到民用领域，其应用范围不断扩大。个人、商业实体及政府机构均逐渐认识到无人机的多种功能，如影视拍摄、快递配送、灾害情报收集、搜救、地形测绘、建筑检查、农业监测、货运、执法监控、气象追踪等。

随着国内外无人机技术的迅猛发展，无人机种类日益丰富，根据其大小、质量、航程、飞行时间、高度、速度和任务等方面的不同，可分为多种类型。

（一）按照用途分类

依据《条例》的相关规定，无人驾驶航空器可以分为民用无人驾驶航空器、军用无人驾驶航空器，以及警察、海关、应急管理部门辖有的无人驾驶航空器。

（二）按照性能指标分类

根据性能指标，无人驾驶航空器分为五大类别：微型、轻型、小型、中型以及大型。

微型无人驾驶航空器，是指空机重量小于 0.25 千克，最大飞行真高不超过 50 米，最大平飞速度不超过 40 千米/时，无线电发射设备符合微功率短距离技术要求，全程可以随时人工介入操控的无人驾驶航空器。

轻型无人驾驶航空器，是指空机重量不超过 4 千克且最大起飞重量不超过 7 千克，最大平飞速度不超过 100 千米/时，具备符合空域管理要求的空域保持能力和可靠被监视能力，全程可以随时人工介入操控的无人驾驶航空器，但不包括微型无人驾驶航空器。

小型无人驾驶航空器，是指空机重量不超过 15 千克且最大起飞重量不超过 25 千克，具备符合空域管理要求的空域保持能力和可靠被监视能力，全程可以随时人工介入操控的无人驾驶航空器，但不包括微型、轻型无人驾驶航空器。

中型无人驾驶航空器，是指最大起飞重量不超过 150 千克的无人驾驶航空器，但不包括微型、轻型、小型无人驾驶航空器。

大型无人驾驶航空器，是指最大起飞重量超过 150 千克的无人驾驶航空器。

值得注意的是，根据《条例》的要求，从事中型、大型民用无人驾驶航空器系统的设计、生产、进口、飞行和维修活动，应当依法向国务院民用航空主管部门申请取得适航许可；从事微型、轻型、小型民用无人驾驶航空器系统的设计、生产、进口、飞行、维修以及组装、拼装活动，无须取得适航许可，但相关产品应当符合产品质量法律法规的相关规定以及有关强制性国家标准。

此外，特别值得一提的是穿越机（FPV），它是一种高速竞技性遥控飞行器，以其强劲的动力、极快的移动速度和灵活的飞行姿态著称。传统的穿越机多由爱好者自行购买零配件组装而成，也有少数企业会生产成品机并通过电商平台进行销售。

（三）按平台分类

依据航空器的结构形态，无人机分为固定翼型、旋翼型、气艇、翼伞以及扑翼等多种类型。其中，固定翼型无人机与旋翼型无人机因其应用领域的广泛性而备受关注。本书的核心内容聚焦于旋翼型无人机和固定翼型无人机。无人机平台构成了无人机系统的核心部分，其独特的形态设计是区分不同平台最突出的特点。当然，不同类型的无人机平台的组织结构、气动布局、运行原理也不尽相同[1]。

1. 旋翼型无人机

旋翼型无人机是一种由螺旋桨产生向上的升力，带动无人机整体进行飞行的无人机。这类无人机可以分为多旋翼无人机、直升机、倾转旋翼机等，其中较常见的是多旋翼无人机。

旋翼型无人机是指一种重于空气的飞行器，当其在空中飞行时，单个

---

〔1〕 周斌. 无人机原理、应用与防控［M］. 北京：清华大学出版社，2023.

或多个旋翼转动，进而与空中的气流进行相对运动，从而获得升力，这一特点与固定翼飞行器截然不同。目前，旋翼类飞行器中还有一种旋翼自动迎风旋转，主轴不需要提供动力驱动的飞行器，叫做自转旋翼机。

（1）多旋翼无人机（图1-1）

图1-1　某国产品牌四旋翼航拍无人机

也称为多轴飞行器，拥有三个及以上的旋翼轴，常有四轴、六轴、八轴等配置，每个旋翼轴由一个电机驱动，电机转动带动旋翼转动产生动力。其机械结构相对简单，动力系统大多为电机直连桨。这类无人机的优点包括可折叠，可垂直起降，可悬停，对场地要求较低，具有较高的勤务性和较低的成本等。然而，它们也存在一些缺点，例如，续航时间相对较短，载荷相对较小。

多旋翼无人机具有很高的灵活性，是业余爱好者及部分民用领域的热门选择。该类飞行器在起飞和降落阶段需依赖动力，操控过程简便且成本较为低廉，在航空摄影、农业喷洒、线路检测等多个领域中得到了广泛的运用。

多旋翼飞行器与单旋翼飞行器的差别在于，多旋翼飞行器的旋翼桨距是固定的，而单旋翼飞行器的桨距可以随时变动。多旋翼无人机通过调节各个螺旋桨的旋转速度来调整每个螺旋桨产生的推力，进而使设备实现上下移动、左右倾斜以及前进后退的飞行动作。这种飞行器通常采用中心对称结构或轴对称结构，各个螺旋桨按照机架的走向分布于其边缘，结构较为简单，有利于小型化、批量化生产。

多旋翼无人机与单旋翼无人机在续航表现，载重性能上的比较如下。

①续航表现。

多旋翼无人机和单旋翼无人机的区别在于它们改变运动轨迹的方法。多旋翼无人机的运动通过实时调节各螺旋桨的转速来实现，因此，飞行控制系统的设计至关重要。相比之下，单旋翼无人机的桨距可以随时变动，升阻比更出色，能量的转化效率更高，续航能力也更强，其气动效率是研究人员更关注的问题。

②载重性能。

单旋翼无人机和固定翼无人机这两种机型可以做得很大，以实现较大的载重，然而，多旋翼无人机却无法做得很大。因为当桨叶尺寸变大时，难以迅速改变桨叶转速。相较之下，单旋翼无人机依靠改变桨距来改变升力大小，而不是像多旋翼无人机那样通过改变转速来改变升力。此外，无人机载重越高，对螺旋桨的性能要求也越高；桨叶的大幅度振动会降低其刚性，容易被折断。

（2）直升机

直升机（Helicopter）通过发动机提供动力，使飞机的旋翼旋转，进而产生升力和推进力。由于其特殊构造，直升机对飞行环境的要求比较低，可以在较小的空间进行垂直起降和悬停，同时能够实现前进（前飞）、后退（后飞）、侧飞和定点旋转（也称为自旋或回转）等一系列可控飞行动作[1]。直-18直升机如图1-2所示。

图1-2 直-18直升机

---

[1] 周斌. 无人机原理、应用与防控［M］. 北京：清华大学出版社，2023.

　　直升机由机身、起落架、动力装置、旋翼系统、控制系统以及各种载荷构成。机身内部空间主要用于放置任务载荷或载人。无人直升机（图1-3）有时可以取消这一任务空间，将任务载荷以机身下方挂载的方式安装在机身上。因此，机身在直升机设计中具有极其重要的地位，它对飞机的飞行性能、操纵性和稳定性产生重要的影响。

图1-3　无人直升机

　　在飞行过程中，机身不仅要承受各种装载带来的静负荷，还要承受动部件、发射武器、吊载货物等动负荷。这些负荷都通过结构接头传递到机体上。因此，在设计直升机机体结构时，必须采取一定的措施降低其振动水平，以保证飞机的安全性和操控性能。

　　轻型直升机通常采用滑橇式起落架，而大型直升机或偏工业用途的直升机则采用滑轮式起落架。

　　中大型直升机的动力系统通常采用涡轮轴发动机来驱动。这种发动机的输出功率较大，能够为飞机提供足够的动力。轻型直升机通常采用活塞发动机。现代无人直升机逐渐开始使用电机驱动。无论是哪种动力驱动，其工作原理都是通过旋翼旋转产生无人机需要的升力和控制无人机飞行姿态的分力。

　　直升机根据旋翼反作用扭矩的平衡方法，通常可被划分为四种类型：第一种是单旋翼带尾桨式的直升机，它通过尾桨来平衡主旋翼产生的扭矩；第二种是共轴双旋翼式的直升机，这种直升机通过两个相对旋转的旋翼来实现扭矩的平衡；第三种是双旋翼纵列式的直升机，它的两个旋翼前后排列，同样用于平衡扭矩；第四种是双旋翼横列式的直升机，这种直升机的两个旋翼并排设置，以达到扭矩平衡的效果。

多旋翼无人机依靠调整各旋翼的转速来灵活改变飞行轨迹，直升机则通过调节旋翼的桨距来精准控制升降运动。通过实施周期性的桨距变化，直升机能够自如地实现前飞、后飞、侧飞以及定点旋转等多样化飞行动作。另外，有些直升机还能通过调整尾桨产生的拉力来灵活控制其飞行方向，从而确保飞行的稳定性和方向性。

常见的直升机操纵方法如下。

①总距操纵方法。

在现代直升机技术中，总距操纵已成为关键操作之一。通过精细调整旋翼的桨距，使每个桨叶的安装角同步增减，从而精确控制旋翼产生的拉力大小。随着科技的进步，如今的总距操纵已发展为总桨距与油门联动的操纵方式，即在改变总桨距的同时，发动机功率也相应调整，极大地简化了操作过程。

②变距操纵方法。

变距操纵，即周期变距操纵，通过自动倾斜器使桨叶的安装角发生周期性变化，从而引发桨叶升力的周期性波动，实现桨叶的周期性挥舞。这种操纵机制在直升机飞行中表现为旋翼锥体相对于飞机机体朝着操纵杆控制的方向发生倾斜，为直升机提供了灵活多变的飞行姿态。

③航向操纵方法。

航向操纵是通过精确控制尾旋翼（尾桨）的拉力大小来实现的。当尾旋翼的拉力发生变化时，它所产生的力矩与主旋翼的反作用力之间失去平衡，从而使直升机围绕立轴转动，实现航向的改变。这种控制方式使直升机在飞行中能够灵活调整航向，满足各种飞行需求。

直升机相对于多旋翼无人机的优势在于其载重能力。由于构造上的原因，多旋翼无人机的载重能力往往较差，而直升机的载重能力通常很强。此外，与固定翼无人机相比，直升机对起降条件的要求较低，可以在没有跑道的环境中起飞和降落。此外，直升机还可以实现空中自主悬停，这是固定翼无人机无法做到的。不过，与其他机型相比，直升机的结构较为复杂，这导致其维护成本较高，操控难度较大。

（3）倾转旋翼机

倾转旋翼机是一种特殊的无人机，它的结构融合了旋翼机和固定翼机的特点。倾转旋翼机在相当于固定翼机翼的两侧翼梢上，安装了一组可以在水平和垂直位置之间转动的旋翼倾转套件。当该系统处于垂直位置时，倾转旋翼机类似于横列式的直升机，旋翼轴与地面垂直，使其能够完成像直升机一样的原地起降等飞行动作；而当系统处于水平位置时，倾转旋翼机又类似于固定翼螺旋桨飞机，具备固定翼机的飞行特性。与直升机相比，倾转旋翼机的航程和航速都更胜一筹。

目前来看，世界上比较有意义的一款倾转旋翼机是美国贝尔公司研制的 V – 22 "鱼鹰" 倾转旋翼机，如图 1 – 4 所示。

图 1 – 4　V – 22 "鱼鹰" 倾转旋翼机

2. 固定翼无人机

固定翼无人机是一种重于空气的航空器，其工作主要依赖于动力装置产生的前进推力或拉力，以及机翼产生的升力。通过这些力的相互作用，固定翼无人机得以在空中飞行并执行各种任务。当固定翼无人机向前飞行时，机翼与空气之间产生摩擦形成压强差，从而产生相对运动并产生升力。固定翼无人机一般由机翼、尾翼、机身、起落架和动力装置（推进装置）组成。根据飞机动力装置的不同，固定翼无人机可分为喷气式和螺旋桨式。尽管目前存在的固定翼飞机形状各异，但其设计在总体上仍遵循常规布局。

（1）机翼

固定翼无人机的机翼是其主要的升力产生装置，机翼与气流的相互作用产生升力。根据相对性原理和伯努利原理，当飞机向前飞行时，机翼与空气之间产生摩擦形成压强差，从而产生升力。升力的大小与机翼的形状和飞行速度密切相关。当升力大于飞机的重力时，飞机便可以离地起飞。因此，固定翼无人机的飞行速度直接影响其升力和飞行性能。

（2）尾翼

尾翼是调整飞机平衡、操纵飞机飞行姿态的重要结构，分为水平尾翼和垂直尾翼两部分。水平尾翼是指安装在飞机机体后方的水平翼面，目的是让飞机保持俯仰方向的稳定。翼面越大，俯仰稳定性越好，反之就越差。垂直尾翼是指安装在飞机机身后方的垂直翼面，目的是让飞机保持方向的稳定，垂直尾翼面积越大，方向稳定性就越好，反之就越差。

（3）机身

机身是固定翼无人机的重要结构部件，它连接机翼和尾翼，同时负责装载货物、燃料和武器等。

固定翼无人机在空中飞行时，其运动是围绕重心在三维空间进行的。如果将重心作为飞机的旋转轴中心，那么它的三个运动轴就是横轴、纵轴、竖轴。

围绕横轴的运动称为俯仰运动，在此轴上进行的运动有抬头爬升或低头俯冲。围绕纵轴的运动称为横侧运动，在此轴上进行的运动有向左或向右滚转。围绕竖轴的运动称为方向运动，在此轴上进行的运动有向左或向右的方向运动。当调试好的固定翼飞机达到完美的平衡状态时，三个轴的状态达到平衡（俯仰平衡、横侧平衡和偏航平衡），此时飞机将保持直线飞行状态。

固定翼无人机能够在空中飞行，主要得益于其特殊的翼剖面形状，这种形状在专业上被称为翼型。最常见的翼型的特点是机翼前缘平滑饱满，后缘较薄并向上弯曲。这种翼型的飞机在高速飞行时可以产生强大的升力，速度越快，升力也越大。这种翼型被广泛采用，是因为它可以应用于多种机型，例如，世界上最大的运输机安－225便采用了这种翼型。

此外，其他的翼型还包括凹凸翼型、平凸翼型、双凸翼型、对称翼型、S翼型和平板翼型。常见的机翼平面形状有矩形机翼、梯形机翼、后掠机翼和椭圆机翼。对于常规布局的飞机来说，它们最大的优势在于技术的成熟度。这些翼型从飞机发展的早期阶段就开始使用，并且在航空发展史上有着广泛的应用。不管是理论还是飞机生产技术，都已经非常成熟。

一些飞机将原本位于机翼后方的尾翼移至机翼的前方，这种布局被称为鸭翼布局。从外观上看，鸭翼布局的飞机通常缩小主翼，同时放大尾翼。鸭翼布局的飞机在某些方面优于传统布局，如在高速飞行时更加稳定、起降距离缩短、机动性增强等。比较经典的鸭翼布局的飞机包括我国研发的歼－20（图1－5）、瑞典研制的AJ－37、法国的"阵风"等[1]。

图1－5　歼－20的鸭翼布局

另一种在鸭翼布局基础上保留平尾的飞机被称为"三翼面"布局飞机。拥有三个翼面的飞机能够更好地分配载荷，并提高飞机的机动性，同时飞机对操纵者的反应也更加灵敏。然而，这种布局的缺点在于增加了阻力，降低了空气的气动效率，并且增加了飞机操控系统的复杂程度和飞机生产成本。在三翼面布局飞机中，最经典的是俄罗斯研制的苏－34，如图1－6所示。

没有鸭翼和水平尾翼的飞机被称为无尾翼布局飞机。这种布局的主翼作为机尾的一部分，实际上起到水平尾翼的作用。无尾翼布局飞机在高速飞行时性能表现最佳，这与导弹、火箭的气动布局有相似之处。这种布局的特点在于其阻力较小，并且具备足够的结构强度，非常适合高速飞行。在常规布局中，飞机的升力由机翼上下表面的压强差产生，而升力经过水平尾翼时会形成一股阻力，导致飞机在飞行过程中损失一部分升力。然而，无尾翼布局飞机大大减少了飞行中的空气阻力，提高了气动性能。航天飞机也采用了这种布局。然而，这种布局也存在一些缺点，例如，低速性能不够理想，飞行稳定性不强，起降能力较弱。

〔1〕　周斌. 无人机原理、应用与防控［M］. 北京：清华大学出版社，2023.

图1-6 苏-34的三翼面布局

固定翼航空器一般配备有方向舵、襟翼、襟副翼、升降舵和扰流板等操纵面。这些操纵面的调整是通过舵机或发动机的组合来实现的，旨在改变飞机的翼型，产生必要的扭矩（力矩），从而实现飞机的转向、攀升、俯冲和滚转等飞行动作。固定翼无人机的优点如下。

①飞行速度快。

与直升机和多旋翼无人机相比，固定翼无人机具有更高的飞行速度，它是唯一能够实现超声速飞行的无人机。

②气动效率出众。

在直升机和多旋翼无人机中，固定翼无人机的气动效率是最高的，它具有出色的续航和载重能力。

固定翼无人机的缺点如下。

①起降条件较为严格。

固定翼无人机需要具备一定的初速度才能产生足够的升力起飞，在降落时则需要通过滑跑来减速。

②无法原地悬停。

固定翼无人机一旦停止向前运动，升力就会消失，因此无法原地悬停。

这些特点使固定翼无人机在城市环境中的应用较少，但是在军事活动中要求无人机速度快、航时长、挂载一些特定的武器或侦察用设备，所以固定翼无人机在军事活动中比较受欢迎。

3. 无人伞翼机、无人扑翼机、无人飞艇

（1）无人伞翼机（图 1-7）

无人伞翼机具有体积小、成本低和飞行高度低等优势，但同时也存在飞行速度较慢、抗风能力较差、高空飞行能力较弱以及机动性能不足等局限性。因此，无人伞翼机通常应用于民用领域。

图 1-7　无人伞翼机

（2）无人扑翼机（图 1-8）

无人扑翼机主要用于仿生飞行，通过类似于鸟类的"翅膀"产生向上的升力来飞行，并具有垂直起降能力。然而，其缺点也相当明显，如对操纵系统和材料有很高的要求，飞行速度和载荷重量也难以提高。

图 1-8　无人扑翼机

（3）无人飞艇（图 1-9）

无人飞艇依靠浮力在空中飞行，具有能在空中悬停和垂直起降的优点，同时能够节省燃料。因此，它通常应用于环境监测、空中巡视、空中摄影等民用领域。

图 1-9　无人飞艇

（四）按飞行高度分类

根据飞行高度的不同，无人机被分为超低空无人机、低空无人机、中空无人机、高空无人机和超高空无人机等几种类型。

超低空无人机的飞行高度为 0~100 m。

低空无人机的飞行高度为 100~1000 m。

中空无人机的飞行高度为 1000~7000 m。

高空无人机的飞行高度为 7000~18000 m。

超高空无人机的飞行高度大于 18 000 m。

（五）按无人机操作的半径范围分类

依据无人机操作的半径范围，可以将无人机划分为超近域、近域、短域、中域以及远域无人机。

超近域无人机操作的半径范围为 0~15 km。

近域无人机操作的半径范围为 15~50 km。

短域无人机操作的半径范围为 50~200 km。

中域无人机操作的半径范围为 200~800 km。

远域无人机操作的半径范围为 800 km 以上。

二、无人机系统的组成

一个典型的无人机系统由飞行器分系统、地面站分系统和通信链路分系统组成。

飞行器分系统包括飞行器结构子系统、动力子系统、任务载荷设备、飞控导航子系统和机载链路子系统。

地面站分系统由地面链路子系统、遥测子系统（显示）和遥测子系统（控制）组成。

通信链路分系统包括机载链路子系统和地面链路子系统，它是飞行器平台和地面控制站之间的沟通渠道。

无人机系统的组成如图 1-10 所示。

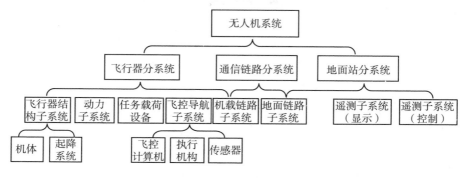

图 1-10　无人机系统的组成

无人机系统的组成有很多不同的划分方式，图 1-10 所示只是其中一种。为了突出任务载荷，也可以将无人机系统划分为任务载荷、飞行器平台、通信链路、地面站等。

无人机系统的主要空中飞行载体是飞行器平台，它承载着任务载荷。飞行器平台主要包括无人机的机体结构和起降系统，为动力装置、导航飞控系统、电力能源系统、任务载荷设备等机载设备提供搭载空间。在狭义的定义中，飞行器平台可仅指机体结构和起降系统，也就是飞行器平台的主体结构。飞行器平台的形式可以是固定翼、旋翼等重于空气的动力驱动无人机，也可以是气球、无人飞艇等轻于空气的飞行器。

无人机的动力装置为其提供飞行动力，确保其在空中正常运作。在民用领域，小型涡喷发动机、活塞发动机和电动机是无人机的常用动力装置；军用无人机通常使用活塞发动机、涡喷发动机；大型军用无人机更会采用涡扇发动机以提高其续航能力。大型无人直升机，通常选择涡轮轴发动机作为其飞行动力。

导航和飞控系统共同构成了无人机的飞控导航系统。导航子系统主要依靠各类传感器来测量无人机在空中的位置、速度和姿态，以便引导无人机按照预定航线飞行。飞控子系统被视为无人机的"大脑"，负责承担类似于有人机驾驶员的职能，对无人机进行全程的飞行控制与管理，指导无人机完成起飞、巡航、任务执行以及降落（回收着陆）等整个飞行过程。飞控导航系统主要由传感器、自动驾驶仪（飞控计算机）以及执行机构三大部分构成。

第二节 无人机飞行与控制

在无人机防控任务中，不论是探测还是反制，都是根据无人机控制原理进行探测或干扰，以达到防控目的。本节的理论性内容的讲解是读者后续深入理解防控技术的基础。典型航拍无人机的内部电路系统结构图如图1-11所示。

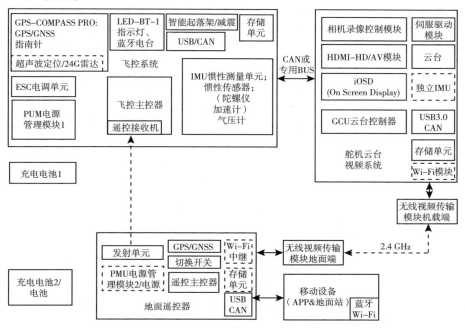

图1-11 典型航拍无人机的内部电路系统结构图

一、飞行原理

无人机的飞行原理与有人驾驶飞机相似，都是基于空气动力学相关原理和自主控制技术。当无人机在空气中飞行时，它会受到空气动力的作用，产生升力和阻力。通过调整无人机的姿态和速度等参数，人们可以控制无人机的飞行。无人机的自主控制功能配合先进的导航系统和飞行控制技术，能够实现精确无误的导航与操控，进而出色地完成各类复杂任务。这些特殊性质使得无人机在多个领域中都展现出巨大的应用潜力。

二、飞行控制原理

飞行控制，通常简称为"飞控"，飞控原理如图 1 – 12 所示，其实质为一个基于反馈机制的控制系统，这一系统具备取代驾驶员而进行飞行操控的能力。举例来说，当有人飞机维持水平直线飞行时，若遭遇外部干扰（如突发的阵风），飞机姿态可能会发生变化（如发生飘移）。在此情况下，驾驶员会密切监视仪表板上的陀螺地平仪，迅速作出判断。驾驶员的这些判断通过神经系统的传导，最终转化为手臂的动作：推动驾驶杆，使升降舵向下偏转，产生下俯力矩，以促使飞机重新回归水平姿态。一旦仪表盘显示飞机已恢复水平，驾驶员就会及时将驾驶杆复位。同理，飞机回归水平后，驾驶杆和升降舵面也会自然复位。

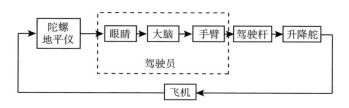

图 1 – 12　飞控原理图

自动飞行控制系统的工作机制基于如下原理：一旦飞机的飞行偏离了预定的轨迹，传感器便会立即检测到这种偏移，并准确地测定其方向和大小，随后发出相应的信号。这些信号经过放大和处理后，会指示执行部件（如舵机）移动控制面（如升降舵），以实现所需的调整。得益于该系统采用的负反馈控制机制，飞机会自然趋向于恢复原始状态。一旦飞机回归原位，敏感元件将停止输出信号，舵机及其控制面也将回到初始位置，飞机继续按原设定状态飞行[1]。

在这一过程中，敏感元件、放大计算设备和执行机构分别替代了驾驶员的眼睛、大脑神经系统和肢体功能，实现了飞行的自动控制。这三个部分构成了飞控系统的核心，与飞机本身共同构成一个稳定的控制回路，其主要任务是调整并稳定飞机姿态，特别是角运动的稳定性。放大计算设备通过综合处理各传感器信号，确保控制规律符合不同飞行状态的需求；通过设定随飞行条件变化的增益程序，可以进一步优化飞行控制效果。

超声速飞行器的发展，使飞行的极限区域得到了拓展，同时也对飞机自身的平衡稳定性提出了更高的要求。例如，在极高空的飞行环境下，由于空气稀薄，飞机自身的阻尼力矩减小，角运动出现强烈摆动，使驾驶员手动操纵变得困难。为了应对这一挑战，飞机配备了如角速度陀螺仪、迎角探测器、法向加速度计等传感器，与放大器和串联舵机结合，形成阻尼器或增稳系统。同时，引入驾驶员的杆力/杆位移传感器信号，构建控制增稳系统，以增强阻尼，改善动稳定性，并提升静稳定性和操纵性。安装这些系统后，飞机获得了更高的稳定性。

从控制回路的解析和设计角度看，阻尼器或增稳系统构成了飞行控制（姿态角控制回路）的内环。但在工作方式上，它们与飞行控制有所不同。在飞机的起飞阶段，阻尼器启动，此时飞行员仍保持对飞机的直接控制。随着飞机达到空中平衡状态，飞行控制系统开始发挥其作用，驾驶员通过飞行控制操纵台上的旋钮或侧杆操纵飞行。增稳系统和控制增移系统在工作时需要驾驶员参与，但按照自动飞行的定义，它们并不属于飞行控制的功能范畴。

三、通信链路的发展与原理

无人机监控与控制通信系统的核心在于数据传输链路，这些链路负责执行对无人机的操纵、追踪及定位任务，是实现人机交互的基础。它们不仅负责无人机的远程操作、跟踪和信息传递，还是无人机有效运行至关重要的组成部分，同时也是无人机对抗策略中电磁干扰的主要攻击目标。无人机的监控和控制通信系统主要由数据链路通信系统和导航定位通信系统

---

[1] 李立欣，王大伟. 无人机防控技术［M］. 北京：清华大学出版社，2021.

两大部分构成。数据链路通信涵盖了遥控器的上行控制链路，以及无人机的下行图像传输和状态反馈链路，并采用跳频扩频技术以确保在嘈杂的通信环境中维持通信的稳定性[1]。

（一）无人机通信链路的组成

如图1-13所示，无人机通信链路的构成要素包括多个无人机子系统和相应的通信路径，各通信链路分别负责传输各类信号。无人机通信涉及其与地面控制系统、卫星的通信，以及无人机之间的相互通信。无人机与地面控制系统之间的通信是双向的，它主要承载着无人机的操控指令和数据交换；而无人机接收来自卫星的信号是单向的，无人机实时捕捉卫星信号，并据此计算自身定位数据[2]。

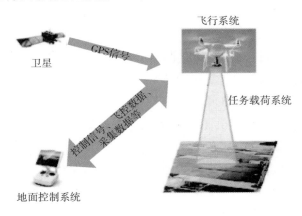

图1-13 无人机通信链路的组成

无人机与其控制中心之间的信息交换完全依赖于数据链路系统，该系统根据数据流向的不同，可以划分为上行链路和下行链路。上行链路负责从控制中心到无人机的信号传输，它承担着操控指令和飞行路径的设定的任务。而下行链路则负责从无人机到控制中心的信号传输，它将无人机的飞行状态、位置数据以及视频图像等传输回控制中心。对于民用无人机来说，其数据链路系统主要依靠无线视距通信，因此容易受到地形或其他干扰因素的影响。

〔1〕 夏朋. 针对民用小型无人机的干扰与反制技术研究［D］. 成都：电子科技大学，2018.

〔2〕 冯伟坡. 小型民用无人机无线电反制技术研究［D］. 西安：西安电子科技大学，2021.

通过上行链路传输的操控指令能够遥控无人机飞行。此外，无人机与卫星之间的通信为其提供了自主飞行的能力。利用来自 GPS 卫星的精确坐标信息，无人机能够从起始点精确地导航至下一个目标点。这种自主飞行不仅提升了无人机的智能化水平，同时也使得无人机能够进行超视距飞行，摆脱了传统飞行受控制信号传输距离限制的问题。只要无人机有足够的动力，其飞行范围理论上不受限制。

然而，自主飞行技术的发展也带来了一些安全隐患。一方面，恶意使用者可能会利用这一技术对特定目标进行非法入侵；另一方面，无人机若仅依赖卫星信号进行导航，则可能受到无线电干扰的影响，导致飞行安全问题。

（二）无人机通信技术

无人机的地理覆盖范围广阔，飞行地点灵活，采用有线通信方式不切实际，无线通信成为了无人机通信的必然选择。依据国际民用航空组织的规定，无人机的控制通信以及非有效载荷的通信都必须在受到专门保护的频率范围内进行。2023 年 12 月，工业和信息化部印发《民用无人驾驶航空器无线电管理暂行办法》，进一步明确将民用无人驾驶航空器通信系统无线电发射设备型号核准、无线电频率使用、无线电台设置使用纳入无线电管理范畴，使管理政策与上位法有效衔接，2024 年 1 月 1 日起施行。

通过直连通信方式实现遥控、遥测、信息传输功能的民用无人驾驶航空器通信系统无线电台，应当使用下列全部或部分频率：1430～1444 MHz、2400～2476 MHz、5725～5829 MHz。

1430～1444 MHz 频段频率仅用于民用无人驾驶航空器遥测与信息传输下行链路；其中，1430～1438 MHz 频段频率专用于警用无人驾驶航空器通信系统或警用直升机，1438～1444 MHz 频段频率用于其他单位和个人民用无人驾驶航空器通信系统。

通过地面公众移动通信系统频率实现遥控、遥测、信息传输功能的民用无人驾驶航空器通信系统无线电台，应当依法使用允许在我国境内提供服务的地面公众移动通信系统及专用于民用无人驾驶航空器的用户识别卡（SIM 卡），设备射频技术指标要求按照地面公众移动通信系统终端技术指标要求执行。

通过卫星通信系统频率实现遥控、遥测、信息传输功能的民用无人驾驶航空器通信系统无线电台，应当依法使用允许在我国境内提供服务的相关卫星固定业务动中通系统、卫星移动业务通信系统。具体使用频率范围、设备射频技术指标要求按照《建立卫星通信网和设置使用地球站管理规定》《对地静止轨道卫星动中通地球站管理办法》《卫星移动通信系统终端地球站管理办法》等相关无线电管理规定执行。

随着 2.4 GHz 频段的广泛应用，该频段资源也变得日趋紧张；5.8 GHz 大有取代 2.4 GHz 频段的趋势，目前我国在售的消费级无人机多采用此频段进行通信。

目前，无人机主要通过蓝牙、Wi-Fi 和无线数传等技术实现通信。其中，蓝牙技术是一种低功耗的近距离无线连接技术，其传输距离十分有限，因此并未在无人机中得到广泛应用；Wi-Fi 技术覆盖范围广且传输速度快，大多数商用低成本无人机采用 Wi-Fi 技术进行控制和传输视频流，这类无人机通常注重连接的可用性和操作的简易性，例如，大疆、Parrot 无人机都使用了 Wi-Fi 技术；由于对无人机通信保密性的追求，部分无人机厂商开发了私有通信协议，用于远程操控和视频回传，该类协议不仅保密性强而且传输距离更远，通常应用于成本较高的专业级无人机，例如，Lightbridge 是大疆公司研发的专用图像传输技术。这些技术在赋予无线通信自由的同时，也给无线通信网络带来了一些不安全因素。由于无人机和控制站之间的信息只能在上述规定的频段传输，因此控制链路常常面临着干扰、监听和拒绝服务等攻击；由于无人机和卫星之间信号传输的脆弱性，卫星链路也常常面临着干扰和卫星导航欺骗等攻击[1]。

四、导航链路原理

无人机具有高机动性和航程远的特点，为确保无人机在远距离操作中的精确性，大部分无人机采用全球定位系统（GPS）以获取其精确的地理位置。在执行既定的航行任务时，民用无人机不仅需确定目的地和起飞点，还必须实时知晓其位置。飞行控制系统（Flight Control System，FCS）负责收集来自定位接收机的实时数据，对这些数据进行处理和计算后，生成相应的控制命令，并传递给推进系统。这一过程是确保无人机遵循既定

---

〔1〕 冯伟坡. 小型民用无人机无线电反制技术研究〔D〕. 西安：西安电子科技大学，2021.

航线并达到预定精度的关键。

（一）GPS 系统的组成

GPS 系统由空间星座、地面监控站和用户设备三个部分组成，该系统结构如图 1-14 所示。

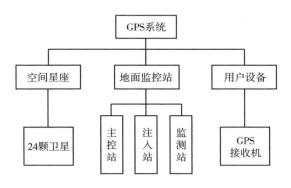

图 1-14　GPS 系统的结构

GPS 空间星座由 24 颗卫星构成，它们均匀地分布在地球周围的 6 个轨道平面上，每个平面上有 4 颗卫星。这些卫星的轨道周期约为 11 小时 58 分钟，它们的轨道几乎是圆形，并以 60 度的间隔均匀地围绕赤道分布，相对于赤道平面的倾角为 55 度。这些卫星连续不断地提供星历和时间信息，向用户设备发送载波和伪距信息。用户设备通过跟踪多颗卫星的信号来实现自身定位。由于卫星只发送信号，用户设备被动接收，因此大量用户设备能够同时使用 GPS 系统进行定位和导航。

地面监控站由主控站、注入站和监测站三个部分组成，提供全天候的 GPS 服务，并作为 GPS 操作的任务控制中心，负责监控卫星的状态和维护。主控站位于美国科罗拉多州的空军基地，主要任务是生成和分发导航数据。监测站位于各地，它们收集卫星测距信息、卫星状态数据和本地气象数据。监测站对 GPS 卫星进行连续跟踪和观测，并将数据转发到主控站进行处理。注入站的主要任务是将命令、星历、钟差、导航电文等信息注入卫星的存储系统，并监测注入的准确性。

用户设备是导航定位的终端设备，通常称为 GPS 接收机。它由天线单元（无源或有源）和接收单元组成。天线单元由接收天线和前置放大器组成，用于接收从卫星传来的微弱信号，并由前置放大器进行放大处理。接收单元由信号通道单元、计算显示单元、存储单元和电源组成，其中信号通道单元是卫星信号接收的关键。GPS 接收机可以同时接收多颗卫星的信号，每个接收通道只能跟踪一颗卫星。当卫星信号被捕获后，它占据相应的接收通道，只有同时接收到三颗以上卫星的信号，才能计算出用户的位置信息。在接收单元中，频率变换器将卫星信号变频到中频，同时模数转换器对信号进行采样和数字化处理。基带处理器控制接收机实现信号的捕获、跟踪和采集等工作，经过计算处理后，可以得出用户设备的位置、速度和时间等信息[1]。

（二）GPS 信号的组成

GPS 信号源自卫星上的振荡器，在导航应用中，从 GPS 卫星星座向用户设备广播多个信号。根据应用领域的不同，GPS 信号分为民用标准定位服务（SPS）和军用精确定位服务（PPS）两类。民用的 SPS 信号未加密，全球用户无须授权即可使用；而军用的 PPS 信号则经过加密，仅限授权用户使用，通常应用于军事领域。GPS 信号的广播由载波、测距码和导航电文三个部分组成。接下来将分别简要介绍这三种信号。

载波是 GPS 信号的基础，它为信号的传输提供了稳定的频率。测距码是一种特殊的编码，用于测量用户设备到卫星的距离，它是通过信号的传播时间来计算的。导航电文则包含了卫星的时间戳、星历数据、卫星健康状态信息以及用于计算用户位置的误差修正数据。这些信号的组合使得 GPS 系统能够为用户提供精确的定位服务[1]。

1. 载波

GPS 卫星系统依赖于两个特定的微波载波，即 L1 和 L2 载波，它们分别位于 L 波段。L1 载波的中心频率为 1575.42 MHz，而 L2 载波的中心频率为 1227.6 MHz，它们的波长分别为 19.032 cm 和 24.42 cm。这些载波被用来传输测距码和导航电文，通过正弦波的形式从卫星传达到用户设备。在 L1 载波上，调制了 D 码、C/A 码（又称粗码）和 P 码，而 L2 载波上则调制了 D 码和 P 码。民用 GPS 接收机通常使用未加密的 L1 载波，而 L2 载波则主要服务于军事用途。

---

〔1〕 冯伟坡. 小型民用无人机无线电反制技术研究［D］. 西安：西安电子科技大学，2021.

2. 测距码

在 GPS 系统中，测距码的运用采用了扩频技术，这一技术手段有效提高了信号的隐蔽性和抗干扰能力。这些测距码是伪随机噪声码（PRN）的范畴，其中包括了 C/A 码和 P 码两种。

C/A 码，也被称为捕获码，主要服务于粗略测距和 P 码的捕获。它拥有 1 毫秒的周期，其中包含了 1023 个码片，码片速率达到了 1.023 MHz。C/A 码是由两个 10 级线性反馈移位寄存器产生的码长相同但结构不同的 m 序列相乘得到的 Gold 码，它是一种准正交码，具备优秀的自相关和互相关特性，非常适合用于码分多址的卫星系统。在 GPS 系统中，每颗卫星都配对有独一无二的 C/A 码，而 GPS 接收机则通过识别这些 C/A 码来区分来自不同卫星的信号。C/A 码是一种公开的明码，全球用户都可以免费使用。

P 码是一种更为精确的测距码，也被称为精码。它的码速率高达 10.23 MHz，一个完整的周期长达 266 天。普通用户首先通过 C/A 码来捕获卫星信号，然后依据导航电文提供的 P 码捕获信息来实现对 P 码的精确捕获。P 码的测距精度可以达到 0.29 米，因此在军事领域具有极高的价值。目前，只有美国军方和其授权的用户能够使用 P 码。

3. 导航电文

导航电文，亦称为数据码或 D 码，是一种具有固定格式的二进制编码，其传输单位为"帧"，每一帧包含了 1500 比特的数据，以 50 比特/秒的速率进行传输。这些导航电文蕴含了卫星星历信息、电离层延迟、时钟修正参数等必要信息，以便用户接收机能够计算出自身的精确位置、速度和时间。

在 GPS 系统中，导航电文是传递关键信息的核心载体。它通过精确的编码方式，确保了用户设备能够接收到来自卫星的指令和数据，从而实现导航和定位功能。通过对导航电文的解析，用户设备能够获取卫星的运行状态、位置信息，以及与之相关的环境参数，如电离层延迟等。这些数据对于确保 GPS 定位的精度和可靠性至关重要。

用户接收机在接收到导航电文后，会对其进行解码和处理，从而计算出自身的精确位置。这一过程涉及复杂的计算和算法，如卫星位置的计算、时间同步、信号传播路径的修正等。通过这些计算，用户接收机能够实时地获取自身的定位信息，从而实现精准导航和定位功能。

（三）GPS 定位原理

GPS 定位的实现利用了空间测距交会定理，通过测量用户到多颗卫星的距离，可以实现三维定位。GPS 定位原理如图 1－15 所示，图中 GPS 接收机的坐标为 (x, y, z)，各 GPS 卫星的坐标为 (x_i, y_i, z_i)。

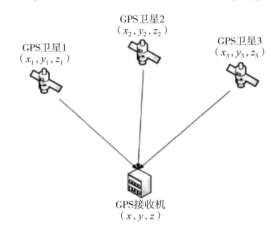

图 1－15　GPS 定位原理

在确定了用户接收机与各个卫星之间的距离之后，可以构建一个方程组来解决这个问题，这个方程组如式 1－1 所示。在这个方程组中，D_i 代表第 i 颗卫星到用户接收机的距离，而 (x, y, z) 是需要求解的 GPS 接收机的位置。一旦 GPS 接收机成功地锁定三颗 GPS 卫星，人们就可以利用这些信息来计算出用户接收机的位置。当 GPS 接收机成功捕获三颗 GPS 卫星后，它就可以通过计算接收机与卫星之间的距离，确定自身的位置。这一过程涉及复杂的数学计算和信号处理技术，但最终目的是精确地确定接收机的位置。

$$D_i = \sqrt{(x_i - x)^2 + (y_i - y)^2 + (z_i - z)^2} \qquad (1-1)$$

在实际的 GPS 定位过程中，每颗卫星都携带其位置信息的坐标，这些信息被编码在它们发射的导航电文中。卫星测距信号以光速传播，卫星上的精准时钟控制着信号的发射时间。一旦用户的接收设备捕捉到来自某颗卫星的信号，就可以计算出测距信号从卫星到接收设备的传播时间。将这个传播时间乘以光速，就能得到用户到该卫星的距离。

然而，GPS 信号在穿过电离层和对流层的过程中，会遭遇时延和其他类型的误差。为了精确计算，必须对这些误差进行校正，使用大气层修正参数、电离层延迟和对流层延迟等校正因子来调整 GPS 信号的传播时间。

主控站收集来自监测站的测量数据后，会生成导航数据信息。这些信息随后通过注入站被发送到各个卫星上。用户接收机通过天线接收到来自各卫星的导航数据。经过校正后的距离信息被称为伪距，它如式 1 – 2 所示，是定位计算中的关键参数：

$$P_i = c(t_i + \Delta t) = \sqrt{(x_i - x)^2 + (y_i - y)^2 + (z_i - z)^2} \quad (1-2)$$

式 1 – 2 中 P 表示伪距，c 为光速，t_i 是信号从 GPS 卫星到用户接收机的传播时间，Δt 表示修正参数。该方程含有四个待求解的变量，所以 GPS 接收机至少需要捕获四颗卫星，才能解算出用户的位置信息。

无人机的导航系统是其关键的子系统之一，负责解析来自全球定位系统或其他导航信号的数据，从而确定无人机的当前位置和航向。这些信息被传递至控制单元，以便进行飞行决策和操纵，确保无人机能够按照既定路线精确飞行。

GPS 简介：GPS 项目始于 1958 年，1964 年初步投入运行，并在 1994 年完成了由 24 颗卫星组成的全球星座的部署，覆盖了地球表面的 98%。这个卫星网络不仅提供了厘米级的定位精度，还具备了极短的观测时间、无须视线通视的测站间通信、全球范围内全天候作业以及操作简便、高度保密性等优点。因此，GPS 成为了在民用领域实施导航和定位任务的首选技术，其应用范围广泛，涵盖从车辆导航到航空航天监控等多个领域。

第三节　无人机的发展现状

一、无人机的市场现状

中国航空工业集团有限公司 2022 年发布的《通用航空产业发展白皮书（2022）》（以下简称《白皮书》）显示，全球民用无人机市场保持高速增长，预计 2025 年市场规模将达到 5000 亿元。

值得注意的是，随着更多高价值的工业级无人机应用到生产生活中，曾主导市场的消费级无人机市场份额逐年降低，《白皮书》预计，到 2025

年，工业级无人机市场规模占比将超过80%。

近年来，中国迅速成长为无人机行业的制造和技术强国，无人机销量已经占据全球70%的市场份额。《白皮书》指出，据行业主管部门统计，2020年，我国民用无人机研制企业已超过1300家，其中民营企业占据绝大多数，销售额在1亿元以上的企业超过10家。

中国民用航空局民用无人驾驶航空器管理领导小组办公室总协调人杨非在2023低空经济发展大会上介绍，我国低空经济产业迅速发展，低空航空器及企业数量持续增长。截至2023年8月底，国内现有实名登记的民用无人驾驶航空器已达110.1万架，与2021年底相比，增幅达15.9%；颁发无人机操控员执照18.2万本，无人机运营企业1.7万家。2023年1至8月，民用无人机累计飞行超过1680万飞行小时。

中国无人机行业发展迅猛，特别是民用无人机生产研发走在世界前列。根据国际数据公司（IDC）的数据统计，中国是全球消费级无人机市场占有份额最大的国家。在全球排名前10名的民用无人机企业中，中国有7家企业〔深圳市大疆创新科技有限公司、昊翔电能运动科技（昆山）有限公司、零度智控（北京）智能科技有限公司、广州亿航智能技术有限公司、深圳飞豹航天航空科技有限公司、广州极飞电子科技有限公司、四川一电航空技术有限公司〕上榜。预计到2025年，中国民用无人机行业的市场规模有望突破2100亿元，市场规模年均复合增长率达44%。无人机市场规模的井喷式增长反映了无人机在社会领域中的广泛运用。尤其是在新冠疫情期间，无人机在物资配送、信息获取、消杀作业等方面发挥了重要作用[1]。

二、无人机技术发展现状

美国《2013—2038年无人机发展路线图》见图1-16。[2]在当今国际无人机技术的前沿发展中，无人机的性能指标被细分为多个方面。在军事领域，无人机主要承担侦察任务，同时具备一定的攻击能力，在实际作战

---

〔1〕 范哲.中国民用无人机地方监管立法的发展与启示——以深圳地区和海南省民用无人机地方监管新规为例〔C〕//上海市法学会.上海法学研究，集刊2021年第17卷.

〔2〕 向文豪，王栋，刘佳，等.无人机反制需求分析与技术谱系〔J〕.科技导报，2020，38（21）：9.

中扮演了关键角色。

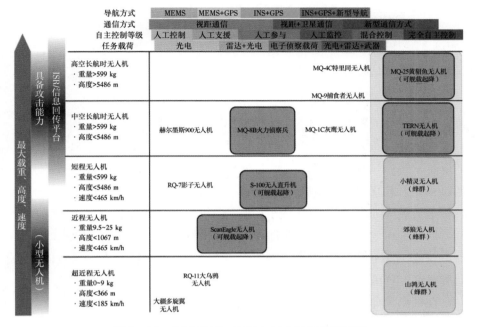

图 1-16　美国 2013—2038 年无人机发展路线图

根据对最新国际无人机专利情况的深入分析（表 1-1），可以观察到，飞行控制技术领域的专利数量居于首位，共计 3022 项专利。这一结果充分反映了飞行控制技术在无人机研发中的核心地位。紧随其后的是旋翼机飞行器总体技术专利，这一类别包括垂直起飞或着陆技术、操纵面设计、机翼造型和机身结构等方面的专利申请，总数位居第二；而发射回收技术则排在第三位。

表 1-1　无人机国际专利统计

排名	技术领域	申请量/项	备注
1	飞行控制	3022	
2	旋翼机	992	飞行器总体
3	发射回收	563	
4	垂直起降无人机	523	飞行器总体
5	操纵面技术	517	飞行器总体
6	导航	496	飞行器总体
7	机翼	467	飞行器总体

续表

排名	技术领域	申请量/项	备注
8	机身	331	飞行器总体
9	雷达	330	
10	图像处理	306	

从技术层面来看，无人机的发展动向主要涵盖机载设备的整合与通用、气动设计的跨介质与隐身、智能化以及集群化等多个方面。

在机载设备方面，尽管微型无人机已经通过集成电路制造和封装技术的进步取得了显著进展，但在设备的整合和通用性上仍有待提升。未来，通过采用开放化的互联接口标准，可以对核心处理器、光电传感器和射频模块进行更为综合化的设计，从而进一步减少冗余器件的质量、体积和功耗。同时，构建通用的任务处理平台、射频处理平台以及开放式的传感器，将能实现不同平台软硬件模块的高度复用，进而提升机载设备的智能化和灵活配置能力，以满足多样化的使用需求[1]。

在气动设计方面，微型无人机的低雷诺数气动设计已经取得了众多关于升阻力、气动特性优化以及仿生飞行机理的研究成果，相关研究也逐渐从单一介质飞行器拓展到跨介质飞行器。未来，可能会进一步探索微型仿生飞行器实现高升力和长续航的机理，并开发适用于跨介质通用微型飞行器的气动计算与试验方法。此外，还将设计出在不同介质中均具备良好推进性能和隐身性能的飞行器结构和形态[2]。

在智能化方面，无人机已经取得了显著的发展成果，这主要得益于基于人工智能的自主导航与避障算法，以及智能控制算法等方面的进步。这些进步使得微型无人机能够利用各种传感器感知环境并实现自主规划与决策[3]。然而，目前微型无人机的智能化程度仍有待提高，各种智能算法对于不同复杂动态障碍环境的通用性和适应性仍需加强。未来，可以结合虹膜识别、手势识别和脑电波识别等生物识别技术，进一步丰富微型无人机的控制手段并提升其智能化水平。

〔1〕 杨迪. 基于 GIS 的无人货机三维航线规划研究 [D]. 德阳：中国民用航空飞行学院，2021.

〔2〕 韩建昌. 我国通用航空文化建设研究 [D]. 西安：西北工业大学，2016.

〔3〕 王锐锋. 浅谈无人机在民航系统中的管理与应用 [J]. 电脑知识与技术，2017，13 (24)：196－197＋201.

在集群化方面，由于单个微型无人机在复杂恶劣的环境中执行持续跟踪和全方位攻击等任务时存在局限性，因此具有分布式特征的微型无人机集群成为解决这一问题的有效途径。多架无人机的传感器互补搭配，可以实现多传感器的并行响应并提升整个集群的感知能力；同时，各个无人机执行不同的子任务可以使总任务得到分布式执行并提高集群的作战能力；当部分无人机损毁时，剩余的无人机还可以继续组成编队以提高系统的容错性和鲁棒性[1]。未来可以进一步研究生物集群的分布式、自组织、自协调行为模式，以发展高效的集群协同与控制策略。随着技术的不断进步，无人机的性能将变得更为先进且应用领域将更为广泛，这同时也将带来一系列新的挑战和问题，如无人机监管等。（图1－17）

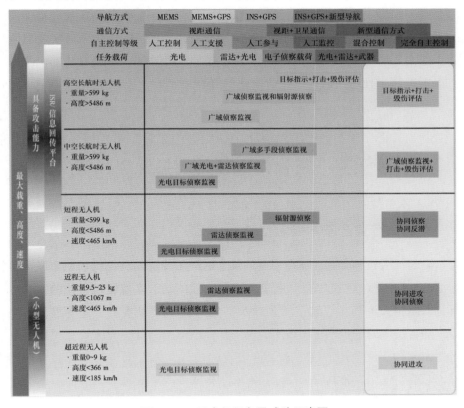

图1－17　无人机任务及威胁示意图

---

〔1〕　宋寅. 低慢小目标无人机防御系统的设计与实现［D］. 杭州：浙江工业大学，2018.

第二章　无人机防控与管控

低空空域，即与地表相邻的空中领域，被视为极其珍贵的战略资产，其中潜藏着不可估量的经济、国防及社会价值[1]。作为无人驾驶航空器的重要生产国，我国近地空域渐进式开放，无人机已在社会众多生产与生活领域得到深入应用。但是，随着无人机性能的持续提升，其购置与使用的门槛日益降低，用户基数不断增长，导致了近地空域内的飞行安全风险逐步加大，诸如利用无人机进行恐怖活动、非法运输、偷窥隐私、干扰航空等不法行为日趋频繁，而预防措施的滞后则不利于有效应对近地空域内的安全突发状况[2]。

第一节　空管体系与无人机管理现状

一、飞行安全基本概念

随着无人机的崛起，飞行安全的概念已经从传统的有人机领域拓展至更广泛的航空领域。在过去，飞行安全主要关注的是有人驾驶航空器的安全运行，以防止人员伤亡、航空器损毁及其他财产损失等不幸事件的发生。然而，随着技术的进步、军用技术的民用化及成本的下降，无人机在民用市场迅速崛起和广泛应用，这带来了许多新的挑战，无人机违规飞行和事故频发，对航空安全、公共安全乃至国家安全构成了严重威胁。

---

〔1〕　车颖，冯登超，齐霞．对无人机反制系统加强监管的思考［J］．公安教育，2020.
〔2〕　姚尧．无人机反制领域面临的问题及对策［J］．大众标准化，2023.

（一）航空安全的新维度

在航空安全领域，无人机的主要挑战在于如何防止其与有人机、其他无人机以及障碍物发生碰撞。大多数民航客机都装备了空中防撞系统，但这种昂贵的设备因其体积和质量，并不适用于无人机。不过，现代无人机通常配备了双目避障系统，能够在一定条件下自动避开障碍物，从而提升飞行安全性。

然而，尽管法律法规明确规定无人机应在隔离空域内运行，并禁止未经授权在融合空域内飞行，但近年来无人机"黑飞"现象仍屡禁不止。在机场附近、航路航线等禁飞区域内的无人机擅自起飞，已多次导致航班避让、延误甚至备降，严重干扰了正常的飞行秩序，对空中安全构成了严重威胁。

此外，航空安全还包括地面安全，即保障停机坪和飞行区内围绕航空器运行的所有活动的安全。这涵盖了防止航空器损坏、地面人员伤亡以及对各种地面设施的保护，同时也包括飞机维护、货物装卸、电池更换或加油等活动的安全执行。

（二）公共安全的挑战

无人机虽然为人们带来了便利，但其广泛应用也对公共安全产生了影响。公共安全指的是维持人们正常生活、工作、学习、娱乐和交往所必需的稳定外部环境和秩序。无人机因操作失误、质量问题或受外部环境影响而失控坠落的事件时有发生，引发了人们对公共安全的担忧。同时，无人机的普及也可能导致隐私泄露问题，使得家庭和工作场所等私密空间受到窥探的威胁。

（三）国家安全的隐患

国家安全是国家核心利益的基石，它体现为国家在内外环境中处于无危险且免受各种威胁的安稳状态。随着无人机技术的发展，其潜在的军事用途和对国家安全的影响日益凸显。普通航拍无人机携带的高清相机已足以满足军事侦察的需求，非法测绘、对军事和政治目标进行航拍以及误闯禁区的行为时有发生，极易导致机密泄露。此外，由于无人机造价低廉、技术门槛低，一旦被恐怖分子利用，装载爆炸物进行远程操控攻击，其后果将不堪设想。因此，如何有效监管和规范无人机飞行，确保民用无人机的健康有序发展，已成为国内外共同关注和亟待解决的问题。

二、空域及空域管理

无人机飞行是在地表以上的特定空间内进行的，这个空间并非随意可飞、无拘无束。全球许多国家都对地表以上的特定空间，即空域，进行了细致的分类与严格的管理。

（一）空域的定义

空域，是为满足飞行任务需求而划定的特定空间范围，它既是航空单位（个人）开展航空活动的舞台，也是空管部门提供服务的实体空间。空域作为国家领空的一部分，具有鲜明的主权特征。它不仅承载着空中航行和运输的重要使命，更是维护国家领土主权和安全的前沿阵地。国家对领空内的所有空域实施全面管辖和控制，有权决定外国航空器的通行与降落。在我国，陆地领土、内海、领海的上空共同构成了我国的领空，我国空管部门统一负责领空内所有飞行活动的管制服务。

（二）空域使用者

空域使用者是指依照航空法规程序使用空域的法人和自然人，他们是空管系统管制服务的核心对象。空域使用者在享受使用空域权利的同时，必须严格遵守国家航空法规，履行各项义务[1]。他们需按规定申请和使用空域，及时向空域管理部门报告使用情况；与空域管理部门建立畅通的信息沟通渠道，积极提出对空域管理的建议和意见；在组织飞行活动时，对飞行安全承担首要责任。相应地，空域管理部门有义务为空域使用者提供必要的空域使用信息和相关服务支持。

从用途类型来看，公共运输航空、通用航空和军事航空构成了空域使用的三大主要群体。这些不同的空域使用者根据其特定的目的，选择适宜的航空器进行作业，并在相应的飞行空域内开展各自的活动。

（三）空域管理概述

空域管理旨在通过统一规划与合理高效的空域利用，确保国家安全、

---

〔1〕 杜丹. 民用无人驾驶航空器黑飞刑事法律问题研究［J］. 厦门广播电视大学学报，2018，21（04）：9-14.

平衡民用与军用航空需求，并维护公众利益，从而保障领空安全并优化空域使用效率[1]。这一综合性工作涵盖了空域决策、规划、建设与控制等多个方面。遵循各国法律规定及国际民航组织的相关标准，空域管理致力于对空域进行细致规划、科学管理和精心设计，以确保航空运输参与者在安全、有序和规范的环境中运行。

为航空器提供安全、及时、有效和规范的管制服务、飞行情报服务及告警服务是空域管理的核心目标。通过防止飞行器在空中相撞和碰撞地面障碍物，空域管理不仅要确保飞行安全，还要促进空中交通的有序运行。为实现这一目标，空域管理部门必须对空域资源进行精心规划、科学管理和合理设计。

空域管理主要包含以下几个方面。

1. 空域规划

空域规划是一个全面性的过程，它基于对未来空中交通需求的预测及各方的使用要求，结合空中交通流的特性，对空域范围、航路/航线布局、位置点、高度、飞行方向及通信/导航/监视设施等进行综合设计和规划。这一过程旨在实现空域资源的充分、合理开发和安全、高效利用，同时考虑国家安全、经济建设、空域需求、管制能力、综合保障水平及环境保护等多重因素。

空域规划不仅关注空中交通容量的提升和有序运行，还致力于减轻管制员的工作负荷和提高整体飞行安全水平。作为空域管理的重要组成部分，空域规划为其他空域管理工作提供了宏观指导和实施依据。

2. 空域划设细节

空域划设涉及对飞行情报区、管制区、航路、航线、进离场航线等具体空域资源的详细设计和调整。在实施过程中，设计者需要充分考虑不同空域使用者的需求，提出合理的空域设计方案，并对空域容量、工作负荷、安全标准、设施设备及环境因素等进行全面评估。只有确保设计方案满足所有相关标准后，才能投入实际运行使用。

3. 空域数据管理基础

空域数据管理是空域规划和划设工作的基石，它包括对空域结构数据

---

[1] 张欣. 2010—2020年国内民用无人机法律监管问题研究综述 [J]. 滨州学院学报，2020，36（05）：35 - 43.

和运行数据的收集、整理和使用。结构数据主要涉及导航设施、飞行情报区、管制区、航路等静态信息；而运行数据则关注空域内的动态活动情况，如飞行种类、架次和使用时间等。为确保数据的时效性，一旦空域建设方案生效，相关数据须立即进行更新和修订。此外，飞行历史统计数据、气象数据和地理地形数据等辅助信息也是空域管理工作不可或缺的重要参考依据。

4. 低空空域

低空空域，即地面至某一较低高度的空间范围，是无人机等通用航空活动的主要舞台。由于各国对低空空域的上限标准存在显著差异，因此其具体范围在国际上并无统一规定。在我国，低空空域曾经指的是真高 1000 米（含）以下的空间范围，但这一标准也可根据不同地区的特点和实际需求进行适当调整。值得一提的是，2016 年 5 月 17 日，国务院办公厅正式颁布了《关于促进通用航空业发展的指导意见》，将低空空域的范围从原先的真高 1000 米（含）以下提升至 3000 米以下，这一举措极大地拓展了通用航空的活动空间。

根据所提供的管制服务内容，低空空域被划分为管制空域、监视空域和报告空域三大类别。这些空域的划设方案由中国人民解放军空军参谋部提出，并报请国家空中交通管理委员会审批。

管制空域。在此类空域内，飞行计划实行审批制度。所有飞行活动都必须提前申请并获得批准后才能实施。空管部门会对飞行活动进行严格的管制指挥，确保飞行安全。在飞行过程中，通信、导航及机载设备的运行均须严格遵循所飞越空域的管制标准。

监视空域中飞行的单位或个人需提前向管制部门报备飞行计划，并在飞行期间及时向管制部门报告起飞和降落的情况。管制部门负责密切监视飞行动态，提供必要的飞行情报和告警，并在紧急情况下进行管制指挥。在此类空域飞行的航空器必须具备"可监视"能力。监视空域常设在管制空域的周边地带。

报告空域同样实行飞行计划报备制度。

三、我国空管体系介绍

我国的空管体系遵循统一管制、分别指挥的管理模式。在此体系中，最顶层的是国家空中交通管理委员会，通常简称为"国家空管委"。作为国家层面的权威机构，国家空管委负责全面指导与协调空中交通管制工作。国家空管委下设办公室，即国家空管办，负责国家空管委的日常工作，国家空管委更像是一个议事协调机构，对无人机领域具体各业务，实际是按照部级联席工作机制的流程进行管理。各个流程环节都由对应的军方或政府部门进行管理，共有 28 个部门，通过部级联席会议和平时的沟通协调来共同协调解决管理工作中遇到的重大问题[1]。

中国人民解放军空军肩负着全国飞行管制的重任。飞行管制的具体执行划分为军用与民用两大类别，军用飞机的指挥工作主要由空军负责（其中部分涉及海军航空兵）；而民用飞行，包括外国航空公司的飞行活动，则由民航局负责实施指挥。

民航系统最下面是塔台管制室，或区域管制中心，往上一级是空管分局或空管站，再往上一级是民航的地区空管局。民航空管局下设 7 个地区管理局：华北、华东、东北、中南、西南、西北、新疆。

（一）国家空管委

国家空管委是中国空域管制最高机构，领导全国飞行管制工作。国家空管委是国务院议事协调机构之一，具体工作由军委联合参谋部作战局承担。国家空管委的办事机构——国家空管委办公室，设在中央军委联合参谋部，办公室主任由联合参谋部作战局局长兼任，具体工作由其协调。人员也主要来自中国人民解放军，具体工作由中央军委联合参谋部承担[2]。深化低空空域管理改革，是党中央、国务院和中央军委共同作出的重大战略决策。目前，低空空域改革已步入深水区和攻坚阶段，面临众多亟待解决的矛盾和问题，任务既艰巨又繁重。为确保航班飞行安全，规范空中秩序，引导无人驾驶航空器产业良性健康发展，国家空管委发布《无人机专项整治方案》，决定自 2017 年 5 月至 8 月，在全国范围内开展无人机管理专项整治活动。

依据《中华人民共和国飞行基本规则》的指导精神，国家空管委全面统筹全国飞行管制工作，以保障中国领空内飞行活动的有序进行。在这一

---

〔1〕 李立欣，王大伟. 无人机防控技术［M］. 北京：清华大学出版社，2021.
〔2〕 姚尧. 无人机反制领域面临的问题及对策［J］. 大众标准化，2023，（08）：148－150.

框架下，空军负责统一组织和实施飞行管制任务，而各飞行管制部门则根据其特定的职责和功能，提供必要的空中交通管制服务，共同维护飞行秩序与安全。关于航路航线的开通或调整，民航局需按照其职责范围向总参谋部或空军提交审批请求[1]。对于空中禁区、危险区以及限制区的划定，空军需向中央军委联合参谋部提交相关审批材料。同时，各类军事训练所需的空域使用，则由空军或战区空军负责审批。在民航班机的日常运营中，任何改航或绕航的决策都必须在获得空军管制部门的同意后才能执行[1]。

在军民航协调机制方面，战略层面的调控工作由国家空管委主导，各部委及军兵种共同参与，其办公室设在中央军委联合参谋部作战局。预战术层面的协调工作则由地区空管协调委员会负责，成员包括地区内的军民航各单位，其办公室设在战区空军航空管制处。至于战术层面的协调，则由军民航相应的管制运行单位直接进行。

我国空管体制秉承"统一管制、分别指挥"的基本原则。其中，军用飞机的指挥权由空军与海军航空兵共同执掌，确保军事飞行活动的有序进行。而民用飞行以及外国航空公司的飞行活动，则由民航部门负责指挥，保障民用航空的安全与顺畅。

（二）军方空管空防部门

航空管制是全球各国对其领空实施管理的通用做法，通常伴随着明确的法律条文和规章制度。在中国，飞行管制工作统一由空军负责执行，而相关的飞行管制部门则根据各自的职责范围为空中交通提供必要的管制服务[2]。

2015年，中央军委改革工作会议确立了新的作战指挥体系和领导管理体系，即"军委管总、战区主战、军种主建"的总原则。基于此，全国军航飞行管制区域也进行了相应的调整。除台湾和香港地区外，全国被划分为五个主要的飞行管制区，它们分别是沈阳、北京、南京、广州和成都飞行管制区，并进一步细分为28个飞行管制分区。这样的划分为我国的空中交通管理提供了清晰且有序的基础架构。

---

〔1〕 谢昊宸. 无人机在民航系统中的管理与应用探究［J］. 中国设备工程，2018，（13）：30－31.

〔2〕 高桂英，郑腾飞. 干扰无线电通信行为的法律责任［J］. 中国无线电，2007，（05）：22－26.

（三）中国民用航空局

中国民用航空局（简称民航局）是中华人民共和国国务院直属机构，专门负责管理和监督国家民用航空事业。其主要职责范围广泛，涵盖了从战略规划到安全监管，从机场建设到航空运输市场管理等各个方面。

1. 核心职责

民航局负责制定和实施民航行业发展战略、中长期规划，以及与综合运输体系相衔接的专项规划。它负责起草民航相关的法律法规草案、政策文件和技术标准，并推动民航行业的体制改革和创新发展。

在安全监管方面，民航局承担着确保民航飞行安全和地面安全的重要职责。它负责对民用航空器运营人、航空人员培训机构、航空产品及维修单位进行严格的审定和监督。同时，民航局还负责监管危险品航空运输、民用航空器国籍登记和运行评审，以及机场飞行程序和运行最低标准的管理工作。此外，民航局还承担着航空人员资格认证和民用航空卫生监督管理的职责。

2. 空中交通与机场管理

民航局负责民航空中交通的整体管理工作，包括编制民航空域规划、管理民航航路，以及监督民航通信导航、航行情报和航空气象服务。在机场管理方面，民航局负责监督民用机场的建设和运营安全，包括机场场址选择、总体规划、工程设计审批和使用许可等各个环节。同时，民航局还承担着民用机场环境保护、土地使用和净空保护的相关管理工作，并对民航专业工程质量进行严格的监督。

3. 市场监管与国际合作

民航局在航空运输和通用航空市场方面承担着重要的监管职责。它负责监督民航运输服务的质量和航空运输企业的经营计划执行情况，指导国内外航线的航权申请工作，并协调重要时刻和重大活动的民航运输安排。同时，民航局还负责监管民航运输价格，维护市场秩序和公平竞争。在国际合作方面，民航局积极参与国际民航组织的活动和工作，推动中国民航行业的对外交流与合作。

4. 机构配置

民航局的组织架构完善，下设多个职能部门和直属机构。这些部门包括综合司、航空安全办公室、政策法规司、发展计划司、财务司、人事科教司、国际司（港澳台办公室）等，分别负责各自领域的工作。此外，民航局还设有运输司、飞行标准司、航空器适航审定司、机场司等专业司局，以及空管行业管理办公室、公安局等直属机构。在地方层面，民航局还设有各地区管理局，负责辖区内的民航管理工作。

四、无人机管理相关法律法规

2010年，国务院与中央军委联合颁布了《关于深化我国低空空域管理改革的意见》，这一文件为近年来空域管理改革和各项试点工作的推进奠定了坚实的基础，起到了重要的指导作用。

2015年，民航局以咨询通告的形式发布了《轻小型无人机运行规定》，明确提出了按质量分级分类。云系统、电子围栏等概念，都是在这个文件中首次提出的。

2017年出台的《民用无人驾驶航空器实名制登记管理规定》，要求250 g以上的无人机都需要实名登记，明确规定从2017年8月31日以后，不实名登记的一律视为非法。

2017年，民航局会同财政部、农业部共同下发《关于开展农机购置补贴引导植保无人机规范应用试点工作的通知》。这份文件在农业领域，对植保无人机的发展具有里程碑的意义，从此把植保无人机列入补贴范畴[1]。

2018年，相关部门发布了《无人驾驶航空器飞行管理暂行条例（征求意见稿)》《民用无人驾驶航空器从事经营性飞行活动管理办法》，以及《民用无人机驾驶员管理规定》等文件，其中明确规定了驾驶员将采用云执照作为资质证明，告别了传统的纸质执照形式。今后，驾驶员的飞行经历证明将由云系统提供，这实现了电子化、高效化的管理。

2021年，民航局下发了《民用无人驾驶航空器登记管理程序（征求意见稿)》，废止了《民用无人驾驶航空器实名制登记管理规定》（AP – 45 – AA – 2017 – 03）。

---

〔1〕 崔荣起，解丽华. 强化无线电管理的四种手段——学习《中华人民共和国无线电管理条例》[J]. 中国无线电管理，1994，（05）：6-7.

2023 年，国务院、中央军委发布了《无人驾驶航空器飞行管理暂行条例》，自 2024 年 1 月 1 日起施行。该条例贯彻总体国家安全观，统筹发展和安全，坚持底线思维和系统观念，以维护航空安全、公共安全、国家安全为核心，以完善无人驾驶航空器监管规则为重点，对无人驾驶航空器从设计生产到运行使用进行全链条管理，着力构建科学、规范、高效的无人驾驶航空器飞行及相关活动管理制度体系，为防范化解无人驾驶航空器安全风险、助推相关产业持续健康发展提供有力法治保障。

依据《无人驾驶航空器飞行管理暂行条例》，国家空中交通管理领导机构统一领导全国无人驾驶航空器飞行的管理工作，组织协调解决无人驾驶航空器管理工作中的重大问题。国务院民用航空、公安、工业和信息化、市场监督管理等部门按照职责分工负责全国无人驾驶航空器有关的管理工作。县级以上地方人民政府及其有关部门按照职责分工负责本行政区域内无人驾驶航空器有关的管理工作。各级空中交通管理机构按照职责分工负责本责任区内无人驾驶航空器飞行的管理工作。

《无人驾驶航空器飞行管理暂行条例》共 6 章 63 条，主要是按照分类管理思路，加强对无人驾驶航空器设计、生产、维修、组装等的适航管理和质量管控，建立产品识别码和所有者实名登记制度，明确使用单位和操控人员资质要求；强化监督管理和应急处置，健全一体化综合监管服务平台，落实应急处置责任，完善应急处置措施。

我国无人机应用产业起步晚但起点高，相对于欧美等通航发达国家，拥有明显的后发优势。无人机绿色低碳的应用模式与交通强国、综合立体交通、碳达峰碳中和，以及空中交通管理体制改革的国家发展战略相一致，能够大幅提升末端微循环效率，与国内国际双循环的新发展格局相协调。《无人驾驶航空器飞行管理暂行条例》在分类管理的国际通行框架下，结合我国空域和飞行活动的现状特点，提出具有中国特色的无人机分级分类、协同监管模式，这将对我国推动无人机产业高质量发展、把握低空经济发展新机遇产生积极影响。

第二节　无人机安全隐患

一、无人机安全隐患

随着中国低空空域改革进程的加快和无人飞行器研制水平的不断提升，各类民用无人机的"黑飞"现象日渐突出，目前已成为日常空防中最常见的威胁，主要体现在低空失密泄密、扰乱公共秩序和暴力恐怖袭击三个方面[1]。

（一）低空失密泄密

小型民用无人机因其小巧轻便、灵活机动的特性，能够快速穿越地面防线，深入敏感地带执行作业任务，并对高墙深院内的关键建筑进行影像捕捉。此外，无人机还配备了先进的摄像稳定技术、全面的飞行记录系统以及实时影像回传功能，使其能够轻松实现定点巡航、跟拍、环绕拍摄等多种拍摄模式，无须任何改装即可直接应用于情报收集活动。然而，这种能力对重要目标和重大活动的保密性构成了严重威胁。

无人机所携带的摄像、录音设备以及特制的窃密工具，若被不当使用，将极大威胁个人隐私和信息安全。无人机的非法入侵不仅可能跟踪和拍摄居民行踪，严重侵犯个人隐私，还可能导致商业机密外泄；若其侵入军用设施，更是能够窥探军用装备动向，对军事基地和机场等核心区域进行测绘，进而泄露军事机密，对国家安全构成严重威胁。

（二）扰乱公共秩序

民用无人机数量的急剧增加，对社会的秩序与公共安全构成了严峻挑战。部分无人机业余爱好者或影视制作团队，出于娱乐、航拍等目的，可能会将无人机飞入敏感空域，诸如机场、监狱、军港、会议场所、政府机关、大型仓储设施等，这些行为不仅严重干扰了正常的社会秩序，有时甚至会导致重大损失。

---

[1]　王双宇，肜鑫，肖东升，等．"低慢小"无人机反制技术发展现状与趋势 ［C］. 中国指挥与控制学会，2022.

2021 年，全国范围内因无人机"非法飞行"（即"黑飞"）造成不良影响的事件多达数十起。例如，2021 年 1 月 18 日，在贵州贵阳，测绘员在未取得飞行资格的情况下，擅自在高铁站附近操作无人机，对高铁的正常运行造成了严重威胁。同年 4 月 17 日，在陕西西安举办的一场马拉松比赛中，一架"黑飞"无人机闯入比赛现场，险些与央视的航拍直升机相撞，对参赛选手和观众的安全构成了严重威胁。仅仅几天后，4 月 21 日，杭州萧山国际机场的禁飞空域也出现了无人机"黑飞"事件，严重影响了航班的正常起降[1]。更令人震惊的是，2021 年底，一名"军迷"使用高性能无人机对福建舰进行非法拍摄，获取了涉及国家机密的信息，最终因"非法获取国家秘密罪"被判刑。

在北京地区，无人机"黑飞"现象同样频发。据统计，仅 2023 年上半年，北京就发生了 200 多起无人机"黑飞"事件。这些事件不仅干扰了正常的社会秩序，也对公共安全构成了严重威胁。

（三）暴力恐怖袭击

随着无人机获取门槛的降低以及其搭载载荷的多样化，恐怖分子利用无人机实施恐怖袭击的风险显著增加，这给未来的战争带来了抵近侦察、电子干扰、火力引导和自杀式攻击等多重挑战[2]。一些高性能无人机的载荷能力已经超越 5 千克，有效滞空时间可超过 30 分钟，且遥控操作距离达到 1 千米以上，这使得它们能够满足特定条件下的低空作业需求。一旦这些无人机被恐怖分子利用，则可能引发灾难性后果。

在通常情况下，重要目标和重大活动现场的地面安全措施都相对严密，这使得从地面发起的恐怖袭击变得相对困难。因此，恐怖分子可能会转向利用无人机搭载危险物品或非法传单，通过远程操控对关键目标实施低空渗透。实际上，近年来已经发生了多起与无人机相关的恐怖袭击事件。

例如，2018 年 1 月，俄罗斯驻叙利亚的赫迈米姆空军基地遭到了 13 架无人机的恐怖袭击[3]；同年 8 月，委内瑞拉总统马杜罗在出席首都庆

〔1〕 肖庆超. 民用反无人机电磁干扰关键技术研究 [D]. 福州：福建工程学院，2022.

〔2〕 李晓宇. 无人机反制技术装备在低空空域管理中的应用 [J]. 中国安防，2023.

〔3〕 胡杭，刘彬，黄兴龙，等. 应对无人机恐怖袭击活动策略分析 [J]. 飞航导弹，2020.

祝活动时遭遇了无人机炸弹袭击；2019 年 9 月，沙特阿美石油公司的两处设施遭受了胡塞武装的无人机和导弹袭击；2023 年 5 月 3 日凌晨，两架携带爆炸物的无人机袭击了位于莫斯科市中心的克里姆林宫普京总统的官邸。

这些袭击事件的对象包括总统官邸、驻外军事基地、国家元首和民用设施等，显示了无人机在恐怖活动中的广泛应用。恐怖分子可能会利用无人机对高价值民用设施进行破坏，对国家元首进行直接刺杀或对军事设施进行攻击袭扰，这些事件在全球范围内产生了深远且恶劣的政治和经济影响。这类无人机恐怖活动的频繁发生，对无人机反制能力提出了更高的要求。

二、产生无人机"黑飞"现象的原因

（一）相关法律法规和监管措施不完善

我国现行法律对小型民用无人机的生产、销售、使用等尚未形成有效约束，各种"黑飞"现象未能得到有效根除，由此引起的低空空域公共安全问题日渐明显。一是无人机持有者未进行实名制登记，二是无人机持有者的法律意识淡薄，为了个人利益导致了无人机"黑飞"事件频发[1]。

《无人驾驶航空器飞行管理暂行条例》从研发、生产、使用等各环节加强了无人驾驶航空器管理工作的顶层设计，涉及民用航空、公安、工业和信息化、市场监管等部门。该条例的颁布，为全面推进无人驾驶航空器的系统化、法治化管理提供了正确的方向引领。后续各地区各部门还将聚焦行业发展中的重点、难点问题，建立健全支撑制度标准，推动《无人驾驶航空器飞行管理暂行条例》各项规定落地落实，以《民用轻小型无人机系统安全性通用要求》（GB/T 38931—2020）、《民用轻小型无人机系统电磁兼容性要求与试验方法》（GB/T 38909—2020）、《警用无人驾驶航空器通用技术要求》（GA/T 1411—2017）等已经实施的系列标准为基础，深入推进无人驾驶航空器研发、生产、使用安全管控标准体系建设，促进市场规范有序发展。

---

〔1〕 肖庆超. 民用反无人机电磁干扰关键技术研究［D］. 福州：福建工程学院，2022.

（二）无人机设备和无人机驾驶员底数掌握不全面

目前，民用无人机设备和无人机驾驶员的基本信息等数据掌握不全面，没有官方数据准确统计无人机设备数据及无人机驾驶员数据，有大量民用无人机处于未登记注册和无证飞行的状态。不少无人机拥有者，尤其是消费级无人机驾驶者没有经过正规的培训及法律法规的教育，这对空中及地面各种区域威胁极大，尤其是禁飞区、机场净空区、军事管制区、政府敏感地区以及人员密集区。未来民用无人机市场潜力巨大，无人机市场保有量还将继续增加，这对无人机监测、反制手段及技术提出了极高的要求。

（三）设置禁飞区对于某些飞机型号或改装无人机不适用

当前，禁飞区的设立主要依赖于政府与无人机制造商的协作，通过在无人机的全球定位系统（GPS）模块中预设禁飞和限飞区域来实现。然而，这种方法仅对使用 GPS 导航的无人机有效，对于那些不依赖 GPS 的低端无人机则无法有效遏制其"非法"或"无序"飞行。另外，针对经过非法改装的无人机，基于 GPS 的禁飞区设置同样难以发挥理想的防护作用。

显然，导致无人机"非法飞行"事件频繁发生的因素众多，仅仅依靠政府与企业合作设立禁飞区，加强监管机制和完善法律法规，在短期内难以取得显著成效，还需多方携手、多措并举共同维护良好的飞行环境。

三、加强无人机管控的建议

无人机得到广泛应用，但无人机管控手段却严重滞后。这一问题也成了无人机行业继续发展的"壁垒"。为此，必须采取行之有效的措施。

（一）完善法律法规，加强无人机领域相关立法研究

无人机管理链条长、要素多、涉及面广、情况复杂，为了给无人驾驶航空器监管立法提供法律依据。《无人驾驶航空器飞行管理暂行条例》颁布后，部门管理规章、标准规范等配套措施仍需及时跟进。为加强部门统筹协同，加快做好《无人驾驶航空器飞行管理暂行条例》配套规章标准的制定，于 2024 年 1 月公布了《民用无人驾驶航空器运行安全管理规则》，其中，空中交通管理章节明确了空域管理、空中交通服务的适用范围和基本要求。该规则依据国家空中交通管理机构的相关规定明确了空域分类划设、航路与航线管理的原则，提出了相应的空域保持能力和被监视能力要

求，规范了空域信息发布和空域容量管理的制度，为实施空中交通管理及服务提供依据和支撑。

通过制定和完善法律法规，规范无人机的飞行区域和高度，防止非授权无人机进入禁飞或敏感区域[1]，保证无人机的生产、销售、存储、飞行各个环节的管控均有法可依，从而促进无人机产业健康发展[2]。

民航局为统筹推进民用无人驾驶航空法规标准体系建设，充分发挥支撑引领作用，加快推动行业高质量发展，于 2022 年制定下发了《民用无人驾驶航空法规标准体系构建指南 V1.0》，以逐步完善法规标准体系框架。该指南从基础通用、人员、航空器系统、空中交通管理、起降场、通信导航监视、环保、作业能力、服务质量九个方面构建了民用无人驾驶航空器系统管理的体系框架（图 2-1）。

（二）加快技术创新，制订产业发展规划及技术标准

民航局为实现对无人驾驶航空器系统的运行识别和可靠监视，支撑安全监管和空中交通服务，于 2022 年发布了《民用微轻小型无人驾驶航空器系统运行识别概念（暂行）》（AC-93-TM-2022-01），为后续具体运行方案、相关功能的最低性能要求和技术标准提出了基本遵循。

同时，发展无人机反制技术是保证在未来拥有无人机反制能力的重要基础，对无人机管理具有重要意义。随着技术进步，无人机性能将会更加先进，无人机应用也会更加多样化，中国未来面临的无人机监管等问题也将更加严峻[3]。因此，必须加快无人机反制技术的研发和部署，使重要场合具备低成本的无人机反制技术手段，从而大幅降低无人机侵扰给公共安全带来的损失。尽管当前国家尚未发布关于无人机反制的技术标准，但在技术研究和产品开发方面，无人机管控与防控已经取得了显著的进展。在应对"黑飞"无人机的探测、跟踪、识别、反制，以及合法无人机的综合管控方面，市场上已经涌现出多种类型、不同性能的产品，形成了百花齐放的局面。这为未来制订统一的技术标准提供了宝贵的研究基础和丰富的实践经验。

---

[1] 李林莉，程旗，张荔，等. 反无人机技术研究现状综述 [J]. 飞航导弹，2021.

[2] 吴浩，徐婧，李刚. 无人机探测与反制技术发展现状及建议 [J]. 飞航导弹，2020.

[3] 向文豪，王栋，刘佳，等. 无人机反制需求分析与技术谱系 [J]. 科技导报，2020.

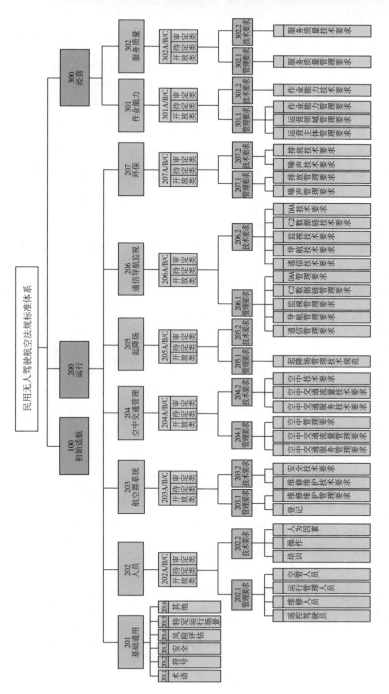

图2-1 民用无人驾驶航空器系统管理的体系框架

目前，无人机对抗技术正处在迅猛发展的初期阶段。尽管已经存在多种无人机探测和干扰技术，但是每种技术都有其特定的应用局限性。鉴于这一技术现状，我们需要根据不同的应用场景，积极探究各种探测与干扰技术的综合应用，并实现深度的信息整合。从系统的角度来看，应整合多元化的技术手段，以提高无人机防御系统的效率和稳定性[1]。为了应对这一挑战，研究人员和工程师正在积极探索新的解决方案。这包括开发更先进的传感器，以提高对无人机的探测能力；设计新的干扰器，以干扰无人机的通信和导航系统；实施更复杂的电子战策略，以混淆和误导无人机。此外，通过深度学习和其他人工智能技术，可以实现对无人机行为的预测和分析，从而更有效地进行拦截和防御。

随着无人机防控技术的持续创新，低空安防系统的实现手段将愈发多样。然而，无论手段如何更迭，其坚守的"全天候立体侦察预警"与"发现即拒止"的系统目标始终如一。展望未来，低空安保无人机防控系统将与现有安防系统不断融合，共同在保障重大活动和重点空域的低空安全方面扮演至关重要的角色，确保空域的安全与稳定。

（三）加强联防联控，强化军地联合监管机制

自 2018 年以来，民航局相继在深圳和海南地区开展无人驾驶航空器空管信息服务（UTMISS）试点工作。民航、军方、公安三方通过 UTMISS 实现数据共享，主要针对轻小型无人机进行实时运行管理，实现限飞空域划设、空域信息提供、计划申请、飞行提示等服务，有效区分了"黑飞"和合法飞行，为相关部门对违规违法飞行的及时处置提供了重要支撑。

要从根本上提升对低空突防入侵目标的探测发现与跟踪监视能力，应加强军民融合，建设军地协同一体化的低成本、高可靠性通信数据融合中心，以及以此为基础的低空监控体系。协同一体化低空监控体系要覆盖全国重要城市、敏感区域、边境地带、航路等，通过与飞行计划、气象网络、地理信息系统、民航通信系统、低空管制系统交换共享，发展出创新型的服务体系，并提供飞行冲突探测、低高度告警、限制区侵入告警、导航等飞行服务[2]。

---

〔1〕 吴浩，徐婧，李刚. 无人机探测与反制技术发展现状及建议［J］. 飞航导弹，2020.

〔2〕 李晓宇. 无人机反制技术装备在低空空域管理中的应用［J］. 中国安防，2023.

民航局在已完成公开征求意见的《民用无人驾驶航空发展路线图》中明确指出，要加强产业协同，扩大与行业协会的合作领域，打造共同治理新格局，把协会作为政府、企业之外推动无人驾驶航空建设和发展的第三种力量，以服务为中心，开展各种培训、咨询，组织行业企业反映共同诉求，促进行业有序、有效地发展。

（四）加强合作交流，建立数据共享监管平台

平台建设是贯彻落实党中央领导关于加强航空器管理批示精神的重要工作措施，是多部门基于《无人驾驶航空器飞行管理暂行条例》一体化实现无人驾驶航空器监管与服务的重要基础支撑。《无人驾驶航空器飞行管理暂行条例》颁布实施后，民航局在中央空中交通管理委员会的统筹协调下积极推进国家综合监管服务平台建设工作。无人驾驶航空器国家综合监管服务平台于 2024 年 1 月 1 日零时正式上线运行。

第三节　无人机反制基本概念及阶段划分

2018 年，公安部发布《关于无人机侦测反制装备列装配备的意见》（公装财〔2018〕688 号），该文件强调，为了显著提升公安机关在关键目标和重大活动中防范及应对无人机干扰的能力，需要加速推进无人机侦测与反制设备的装备配置工作。文件要求实现重要区域的常规自动化监控，以及在临时现场能够快速部署移动反制措施。具体的装备配置建议如下。

无人机侦测与反制设备的配置地点应优先考虑党政军核心区域、高级官员居住地、外交活动场所，以及其他涉及重大安全保卫任务的警卫地点周边。此外，核电站、炼油厂、储油库等易燃易爆的高风险区域，以及重大活动的举办场所，也应纳入配置范围。

一、无人机反制基本概念

（一）无人机探测反制系统[1]

无人机探测反制系统是利用雷达、无线电、光学、声波等技术探测无

---

〔1〕 深圳市无人机行业协会. 低慢小无人机探测反制系统通用要求［S］，2021.

人机目标，通过无线电、激光等手段，压制和干扰无人机的正常运行，甚至直接击落无人机的探测反制装备体系[1]。系统由软件平台系统及硬件系统组成，对无人机实施探测、识别、定位、跟踪、取证、反制和飞行计划管理、飞行态势呈现。

（二）无人机探测

无人机探测是对无人机的方向、位置、速度、航迹、图像、视频等信息进行探测、显示和实时传送，使用户第一时间获取无人机飞行实时信息的活动。

（三）无人机识别

无人机识别是通过对无人机的身份识别码进行接收、无线电信号特征进行分析、无人机图像进行获取和判读等方式，获取无人机的类型、厂商、型号、mac 地址、身份识别码等信息，进而确定无人机身份的活动。

（四）无人机定位

无人机定位是通过对无人机的无线电信号进行测向、时差分析、图像处理，以及雷达信号分析等方式，获取无人机在系统区域内的位置信息的活动。

（五）无人机跟踪

无人机跟踪是对无人机的连续定位，用来对无人机在系统区域内的飞行过程进行跟踪和飞行轨迹判断的过程。

（六）无人机反制

无人机反制是针对违法违规飞行的无人机，采取监测控制、干扰阻断、迫降驱离等形式的强制性管制措施[2]。

无人驾驶航空器反制设备是专门用于防控无人驾驶航空器违规飞行，具有干扰、截控、捕获、摧毁等功能的设备。

《无人驾驶航空器飞行管理暂行条例》第四十三条，"军队、警察以及按照国家反恐怖主义工作领导机构有关规定由公安机关授权的高风险反恐怖重点目标管理单位，可以依法配备无人驾驶航空器反制设备，在公安机

〔1〕 车颖，冯登超，齐霞. 对无人机反制系统加强监管的思考［J］. 公安教育，2020.
〔2〕 淮安市公安机关无人机反制工作规范［Z］，2022.

关或者有关军事机关的指导监督下从严控制设置和使用。无人驾驶航空器反制设备配备、设置、使用以及授权管理办法，由国务院工业和信息化、公安、国家安全、市场监督管理部门会同国务院有关部门、有关军事机关制定。任何单位或者个人不得非法拥有、使用无人驾驶航空器反制设备。”

（七）管控区域

管控区域是系统进行探测、跟踪、定位、取证、反制处置等功能的区域。

（八）无人机身份识别

无人机身份识别是对进入管控区域无人机进行“黑飞”真伪判定的活动。

（九）探测距离

探测距离是可发现无人机的有效距离，一般指无人机与系统设备之间的直线距离。

（十）反制距离

反制距离是可对无人机进行有效反制的距离，一般指无人机与系统设备之间的直线距离。

（十一）处置时间

处置时间是执行反制业务到产生反制效果的时间。

（十二）盲区

盲区是在探测设备有效作用范围内探测不到目标的区域。

二、无人机反制各阶段所需的能力

如图2-2，典型的无人机反制包括5个阶段[1]。

（一）预警探测阶段

在此阶段，系统能够探测到低速、低空、小尺寸的目标，具备对微弱辐射源的侦测和定位能力，同时拥有对目标发出的声波进行侦听的能力，以及初步收集情报的能力。

---

［1］　向文豪，王栋，刘佳，等．无人机反制需求分析与技术谱系［J］．科技导报，2020.

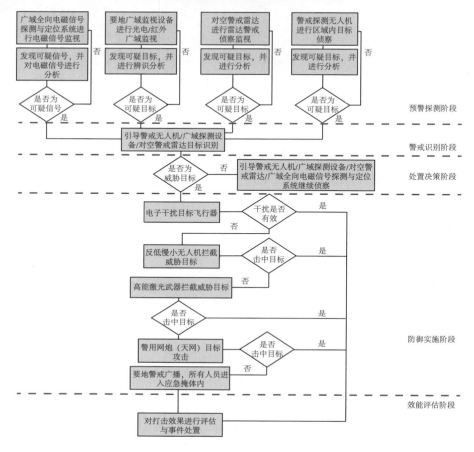

图2-2 典型的无人机反制阶段划分

（二）警戒识别阶段

在此阶段，系统提升了对于低速、低空、小尺寸目标的识别能力，能够精确判断微弱辐射源的位置并生成相关情报，同时对目标声音进行准确识别，并具备将光电和雷达目标信息进行整合的能力。

（三）处置决策阶段

在此阶段，系统具备对无人机进行有效反制的指挥控制能力，能够自动发送反制指令，并利用人工智能技术辅助进行决策。

（四）防御实施阶段

在此阶段，系统能够通过硬武器对无人机进行物理打击，通过电子干扰技术对其进行软打击，并具备对无人机任务载荷进行伪装和欺骗的能力。

（五）效能评估阶段

在此阶段，系统能够对无人机反制后的效果进行多维度的评估和显示，以评估反制行动的成效[1]。

三、无人机反制的技术需求

通过对预警与探测技术、识别与警戒能力、决策与处理技术、防御与实施策略、效果评估方法以及政策法规需求的综合分析，无人机反制技术谱系得到构建，如表 2-1 所示。将该技术谱系与无人机反制能力的具体需求进行进一步对比分析，能提炼出无人机反制领域的关键技术创新方向。

表 2-1 无人机反制技术谱系

无人机反制技术	预警探测技术	光电广域侦察技术	具备对小目标、多目标、高速目标的探测能力
		雷达广域搜索技术	具备对小目标、多目标、慢速目标的探测能力
		音频信号侦察技术	具备对远距离目标的探测能力
		辐射源信号侦察技术	具备对弱电磁信号和定位的探测能力
		多手段综合侦察技术	具备对目标信号的关联能力
	警戒识别技术	光电目标识别技术	具备对模糊光电目标的提取能力
		雷达目标识别技术	具备多目标、紧密编队目标的分选能力
		辐射源信号识别技术	具备复杂背景下弱音频信号的识别能力
		多手段目标融合技术	具备对辐射源信号的精细识别能力
	处置决策技术	无人机反制指挥控制技术	
		无人机反制辅助决策技术	
		无人机反制目标自动处理技术	
	反制实施技术	高能激光武器打击技术	具备对运动目标的快速跟踪能力
		高能微波武器打击技术	
		通信信号电子干扰技术	具备通信信号欺骗能力
		卫星导航信号电子干扰技术	具备对导航信号欺骗干扰和压制干扰的能力
		声波干扰技术	
		赛博战入侵技术	具备对地面控制站、测控链网络的注入能力
		火炮打击技术	具备连续低成本打击的能力
	毁伤评估能力	无人机反制效能分析技术	
		无人机反制效能评估准则设计技术	

---

[1] 向文豪，王栋，刘佳，等. 无人机反制需求分析与技术谱系 [J]. 科技导报，2020.

第四节 无人机反制工作的问题和难点

无人机是典型的低慢小航空器，具有飞行高度低、飞行速度慢、雷达反射面积小等特征。鉴于无人机成本低、操作便捷、携带轻便和容易获取的特点，以及其突然升空和难以被发现与处置的特性，它们可能被恶意使用，作为携带爆炸物、释放生物或化学毒素、散布信息材料的载体[1]。

一、无人机反制工作的问题

（一）无人机反制设备技术前沿不足

无人机在军事上的使用较多，对其进行反制一直都是各国军方考虑的问题，社会对它的重视程度并不高。在无人机技术的早期阶段，它们的性能相对较弱，常规的防空系统足以应对。然而，随着21世纪的到来，无人机技术显著进步，特别是向消费级无人机的方向发展，这些无人机具备了"低速、低空、小尺寸"的特点。更有一些产品已经超越了传统局限，在体积、速度、飞行高度和载荷能力等方面取得了显著提升，但相应的反制技术却未能跟上无人机技术的快速进步。目前，常见的应对策略主要依赖于高功率干扰设备，以及军事武器的火力打击，但这些方法往往难以取得预期的效果[2]。

（二）无人机反制人才队伍匮乏，梯队建设不足

我国安全运行支撑体系尚处于探索阶段，遇到的困难很多。公安机关应成立有建制的无人机飞行管理队伍，培养专业的警用飞手、空域管控人员及无人机反制人员，保证无人机反制人员培训常态化，有效提升队伍的战斗力；与无人机反制企业加强交流，对市场上出现的新型反制设备进行试用、研究，拓展反制应用场景，不断提高无人机反制效率和反制人员的反制水平。这就需要在依法管理基础上，规范相关制度，推进无人机防控、反制、管理工作纳入警务工作流程，高位推动新警务机制运行，应对

---

〔1〕 吴浩，徐婧，李刚. 无人机探测与反制技术发展现状及建议 [J]. 飞航导弹，2020.

〔2〕 姚尧. 无人机反制领域面临的问题及对策 [J]. 大众标准化，2023.

新风险带来的管控短板，建立一套完整的勤务运行体系，通过基础能力评估，采取综合性分级分区分类模式，依托独立的情报、指挥、技术、行动、联动和协同工作流程机制，提升防控、反制、管理的动态管控运作水平，为低空安全和经济运行提供保障。

二、无人机探测的难点

无人机的"低慢小"特性导致了对无人机目标的探测难度增大。无人机机身体积小且材料为非金属，导致探测发现、识别预警的难度很大[1]。综合来看，无人机特性包括使用标准的通信频率、能够在无线电静默状态下飞行、具有较小的目标特征、强大的机动性、突如其来的行动模式以及低噪声水平等。这些特性使得无人机的侦测与追踪变得极具挑战[2]。

（一）单一探测手段的局限性

各类探测技术均有其不足之处。雷达对于停滞或低速无人机侦测效果不佳；光学系统易受气象条件影响，且易将无人机误辨为鸟类或飞机。

（二）虚警与漏报的难题

实现高探测概率与低虚警率的双重目标对无人机防御系统而言颇具挑战。为捕捉区域内所有飞行无人机，探测传感器需具备高敏感度，但过高的敏感性易引发误报，导致系统实效性降低；而敏感度不足时，则可能出现漏报问题，影响系统性能。

（三）合法与非法无人机使用的区分挑战

在特定区域内，合法与非法飞行的无人机可能共存。无人机防御系统需具备区分这两类无人机的能力。尽管部分设备已具备"黑白名单"功能，但在总体上，有效地区分合法与非法无人机仍存在困难。

三、无人机反制的难点

在无人机被探测识别之后，无人机的处置问题也是一项巨大的挑战，对其进行反制依然面临很多技术难点。

---

〔1〕 李晓宇．无人机反制技术装备在低空空域管理中的应用［J］．中国安防，2023．
〔2〕 吴浩，徐婧，李刚．无人机探测与反制技术发展现状及建议［J］．飞航导弹，2020．

（一）无人机反制难度大

随着无人机技术的更新迭代，无人机攻击和防护能力提升，灵活机动性高，网络攻击和电子干扰的难度增大，无人机反制难度较大。

越来越多的新技术应用到无人机领域，比如，大疆 Mavic-3 系列无人机配备了 4G 模块，可以通过手机 4G 信号对无人机进行控制。在此种模式下，可以通过移动基站使测控距离大幅增加，由于测控信号本身就是移动通信信号，传统的无线电探测手段无法探测出使用 4G 信号测控的无人机。在导航技术上，无人机开始引入图像导航，不再只依靠 GPS 信息进行定位，而是通过自身对周围环境的感知来进行自主导航。在这种导航模式下，导航欺骗技术将难以成功处置无人机[1]。

当代无人机设计巧妙地规避了传统的固定雷达探测和防空火力网，使得防御和预警变得极为困难。在进攻方面，美军已经成功试验了某些型号的超高空飞行和超高速飞行的无人机。这些无人机能够伪装成低空慢速飞行的小目标，从而对反制措施和火力打击的规避变得更加容易[2]。

（二）容易产生次生伤害

激光等摧毁方式以直接破坏无人机为目标，可能造成无人机失控、坠毁或迫降，会对地面产生次生安全危害，如果在人口密集的城市发生爆炸，则可能会引起恐慌[3]。

无线电信号劫持等方式，只能对已破解协议的无人机适用。干扰系统则可能干扰附近的合法通信链路，为了保障有效的干扰距离，高功率的信号干扰设备往往需要较大的传输功率，然而，这种做法不仅可能导致目标无人机通信中断，还可能对周边地区的民用无线通信造成广泛的干扰，包括广播、电视和其他无线电广播服务；此外，这种高强度辐射可能对民用航空器的导航和通信系统产生不利影响，甚至威胁到航班上乘客的安全；更为严重的是，超过法定标准的辐射暴露可能对人类健康产生长期的负面影响，包括损伤细胞和潜在的致癌风险。因此，在使用此类高功率干扰设

〔1〕 梁延峰，王欣九，张博，等. 城市环境下反无人机技术发展设想［J］. 中国电子科学研究院学报，2023.

〔2〕 向文豪，王栋，刘佳，等. 无人机反制需求分析与技术谱系［J］. 科技导报，2020.

〔3〕 姚尧. 无人机反制领域面临的问题及对策［J］. 大众标准化，2023.

备时，必须仔细评估和控制辐射水平，以最大限度地减少对民用通信和大众健康的潜在危害。

（三）系统有效性和稳定性有待提升

无人机技术的迅猛发展，对反无人机系统的效能提出了前所未有的挑战。目前市场上的反无人机解决方案在效能和稳定性方面均存在提升空间。为了应对无人机技术的快速进步，反无人机系统必须不断地研发和更新，以适应新的技术挑战，确保其能够持续有效地发挥作用。这要求科研人员和工程师们不断创新，开发出与最新无人机技术相匹配的反制策略，以维持反无人机系统的领先地位和实战效能。

第三章　无人机探测技术

近年来，随着人工智能、复合材料加工、自主导航以及蜂群控制等科技的日新月异，无人机的性能得到了空前的提升，其应用场景也日益广泛，但同时也带来了更高的反制难度[1]。

要实现有效的无人机反制，迅速且精确的目标探测、识别和追踪技术显得尤为重要。这些技术可以根据使用者是否对无人机具有控制或管理权限，被划分为合作型探测技术和非合作型探测技术两大类别。合作型探测技术主要依赖地面站和飞行黑盒等手段来监测无人机的状态和行踪；而非合作型探测技术则更多地利用雷达、光电设备和频谱分析等工具来进行探测。鉴于无人机探测技术的多样性和复杂性，单一的探测方法往往难以应对多样化的实际应用场景，因此实际操作往往需要根据具体情况灵活选择并组合使用不同的探测技术，甚至在某些情况下，还需要将多种技术手段进行有机融合，以实现各种技术手段之间的优势互补，进而全面提升探测效率和准确性。

第一节　无人机探测技术分类

一、合作型探测技术

（一）地面站数据回馈监控技术

无人机平台负责接收来自无人机的数据，并将其传输至后台处理系统。后台系统通过对这些数据的解析，进行实时追踪和数据分析，以优化

---

〔1〕　向文豪，王栋，刘佳，等. 无人机反制需求分析与技术谱系〔J〕. 科技导报，2020.

运行效率和满足法规要求。同时，企业也能够通过软件手段设定无人机的飞行限制区域，以确保无人机在符合法规规定的范围内飞行。

大多数成熟的无人机都采用了 GPS 定位技术，并且无人机公司也根据国家规定的禁飞区域设置了电子围栏系统，使得进入禁飞区域的无人机无法起飞。然而，一些不法分子仍然能够利用技术手段突破这些限制，如使用锡纸等物品屏蔽 GPS 信号、通过修改硬件或软件来干扰 GPS 定位等。此外，一些开源飞行控制器和自行组装的无人机绕开了实名制，难以追踪和追究责任，也给监管工作带来了极大的困难。

因此，仅仅依靠政策法规和正规无人机企业的技术限制不足以有效防范无人机带来的安全威胁。同时，由于不同品牌的无人机通信协议不统一且数据相对封闭，这也导致了地面站数据回馈监控技术的兼容性较差，无法满足对多种品牌无人机的统一监管需求[1]。

禁飞区设定与监管是地面站数据回馈技术的核心应用之一。根据《无人驾驶航空器飞行管理暂行条例》的规定，以下区域被划定为民用无人机的禁飞区：

①机场以及周边一定范围的区域；

②国界线、实际控制线、边境线向我方一侧一定范围的区域；

③军事禁区、军事管理区、监管场所等涉密单位以及周边一定范围的区域；

④重要军工设施保护区域、核设施控制区域、易燃易爆等危险品的生产和仓储区域，以及可燃重要物资的大型仓储区域；

⑤发电厂、变电站、加油（气）站、供水厂、公共交通枢纽、航电枢纽、重大水利设施、港口、高速公路、铁路电气化线路等公共基础设施以及周边一定范围的区域和饮用水水源保护区；

⑥射电天文台、卫星测控（导航）站、航空无线电导航台、雷达站等需要电磁环境特殊保护的设施以及周边一定范围的区域；

⑦重要革命纪念地、重要不可移动文物以及周边一定范围的区域；

⑧国家空中交通管理领导机构规定的其他区域。

除了上述明确划定的禁飞区外，其余空域被指定为微型、轻型和小型

---

〔1〕 黄璇，沈鸿平，彭琦. 低慢小无人机监测与反制技术对比分析［J］. 飞航导弹，2020.

无人驾驶航空器的适飞空域，简称适飞空域。在这些区域内，无人机可以在遵守相关规定的前提下飞行。

（二）飞行黑盒监测技术

飞行数据记录器（俗称"小黑盒"）技术被应用于无人机上，以捕获其飞行过程中的关键数据。这种设备能够通过 2G、3G 或 4G 无线网络技术，将这些数据传输回监控中心，从而实现对无人机实时位置、姿态、速度等信息的监控。这种基于飞行数据记录器的监测技术能够实时追踪无人机的状态。

"小黑盒"系统由定位设备和姿态测量装置等组成，并可通过与无人机飞行控制系统的集成，直接获取飞行控制数据。由于数据传输依赖于公共网络，理论上可以在任何地方回传信息，这使得该技术能够满足大规模、跨区域的远程监控需求。然而，这种依赖公共网络的传输方式也带来了实时性方面的问题，数据从"小黑盒"采集到云平台绘制轨迹的整个过程大约有 500 毫秒的延迟。

此外，"小黑盒"的可靠性问题也不容忽视。在实际应用中，内部的惯性测量器件可能会受到温度、湿度变化和高频振动等环境因素的影响，导致温度漂移或信号丢失。

这种飞行数据记录器监测技术通常用于政府机构对特定区域内无人机的管理，以及电力、执法、消防等机构对正在执行任务的无人机的监控。然而，对于那些被故意移除"小黑盒"的无人机，或者根本没有安装"小黑盒"的非法飞行无人机，这种技术就显得无能为力[1]。

二、非合作型探测技术

非合作型探测技术是针对那些不遵守相关法规和规定，故意避开合法企业设立的电子围栏等个人非法操作或失控的无人机所设计的。在实际应用中，我们可以根据具体情况选择最适合的探测手段。

无人机探测技术的原理各不相同，技术成熟度、探测效果、应用场景、成本代价也存在差异。雷达和无线电信号检测技术在当前市场上占据主导地位，它们是探测手段中技术最为成熟的代表，其他探测技术的成熟度仍在不

---

〔1〕 黄璇，沈鸿平，彭琦. 低慢小无人机监测与反制技术对比分析 [J]. 飞航导弹，2020.

断提高，而光电识别和跟踪技术通常被视为传统探测手段的辅助工具[1]。

表 3−1 对比了多种无人机探测技术的优势和局限性。很明显，单一的探测技术难以满足所有的无人机探测需求。因此，较为实际的方法是采用多技术融合的方式，以确保在广泛的外围区域和关键核心地带实现全面覆盖，从而满足大规模、多节点、全天候的联动探测与精确定位需求。

表 3−1　几种常用的无人机探测技术优缺点对比

探测手段	作用距离/km	优点	缺点	成本	成熟度
雷达探测	10	● 目标探测距离远 ● 主动探测，可靠性高 ● 可对目标进行航迹跟踪 ● 受天气影响较小	● 无法探测悬停或较低速目标 ● 受背景杂波影响大，虚警难以消除 ● 无法分辨无人机及其他空中异物	高	高
无线电信号监测	6	● 能够对无人机机型进行识别 ● 可探测定位无人机操作者 ● 被动监测，隐蔽性好	● 无法监测无线电"静默"的无人机 ● 受电磁环境影响大，城市环境使用受限	中	高
光电识别跟踪	5	● 高精度跟踪，可引导精确打击 ● 可对目标进行图像识别 ● 具备目标视频取证功能	● 需要其他手段引导，主动搜索能力差 ● 受天气影响较大	中	中
声音监测	0.2	● 可探测各种状态下的目标 ● 具备一定的机型识别能力	● 仅适用于近距离监测 ● 受环境噪声影响大 ● 需维护声纹库，无法识别未知无人机	低	低

在市场上，已经有系统开始采用这种多技术集成的方法来增强探测能力。例如，一个系统可能会以雷达技术作为主要的探测手段，一旦雷达探测到疑似无人机的目标，就会激活光电设备进行更深入的搜索和确认。通过将雷达和光电设备的数据进行融合处理，可以实现对目标的高精度实时定位。这种综合运用不同探测技术的策略，不仅提高了探测的准确性，还增强了对无人机动态的跟踪能力，确保了在复杂环境下的有效探测和响应[2]。

〔1〕　李林莉，程旗，张荔，等. 反无人机技术研究现状综述 [J]. 飞航导弹，2021.

〔2〕　吴浩，徐婧，李刚. 无人机探测与反制技术发展现状及建议 [J]. 飞航导弹，2020.

美国巴德学院无人机研究中心对全球 38 个国家的 277 家无人机反制厂商生产的 527 款产品进行了深入分析。研究结果显示，在这些产品中，有 323 个系统具备探测无人机的能力，这一数据在图 3 – 1 中有所体现。

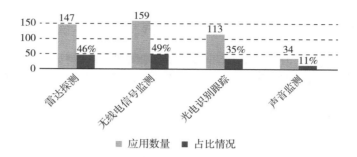

图 3 – 1　无人机探测技术应用情况（共计 323 个系统）

在对全球 38 个国家的 277 家无人机反制厂商生产的 527 款产品进行分析后，美国巴德学院无人机研究中心的报告揭示了不同的无人机探测技术在实际应用中的分布情况。其中，无线电信号监测技术和雷达探测技术占据了主导地位，分别被 159 个和 147 个系统采用，市场份额几乎平分秋色。这两种技术因其高效性和广泛的应用场景而受到青睐。

在光电识别跟踪技术中，基于可见光或红外的光电探测技术也表现出了其应用的广泛性，被 113 个系统采用。这两种技术通常联合使用，以增强探测的准确性和覆盖范围。

声音监测技术则相对较少被采用，仅在 34 个系统中应用。这可能是因为声音监测技术在实际操作中受到环境干扰较大，限制了其应用的广泛性[1]。

在这 323 个系统中，有 190 个系统采用了单一探测手段，而在搭配多种探测手段的系统中，有 42 个采用了 4 种或 5 种不同探测方式的组合。在采用 2 种技术手段进行合作探测时，主要组合形式为雷达与红外、雷达与可见光，以及可见光与红外。可见光与红外的组合可以实现全天候的无人机探测。在雷达与可见光的组合中，考虑到雷达在大范围、远距离、多目标情形下的探测能力以及光电成像近距离无盲区的特点，可先利用雷达设备探测到可疑飞行目标，再利用光电设备进一步扫描确认，两者经过信息

〔1〕 周斌. 无人机原理、应用与防控［M］. 北京：清华大学出版社，2023.

融合达到无盲区、快速响应和精准跟踪的探测效果[1]。

第二节　雷达探测技术

雷达，这个术语源于英文"Radio Detection and Ranging"的缩写，其核心含义是"无线电探测与测距"。它是通过无线电技术来捕捉并确定目标在空间中的位置的一种技术，因此也被视为一种无线电定位技术。随着科技的飞速发展，雷达的功能已远超简单的距离、方位和仰角测量，它还能精确地测量目标的速度，甚至通过目标反射的回波来进一步获取目标的尺寸信息等。雷达的运作原理主要依赖于目标对电磁波的反射，这种反射被称为二次散射，正是通过这一过程，雷达能够发现并精确测定目标的位置。这主要取决于雷达的设计用途和配置，使其能够根据不同的需求进行精确探测和定位。

一、电磁波谱与雷达频段

电磁波拥有一个连续的频谱，其频率范围广泛，从低频的声波、超声波，到中频的无线电频率，再到高频的红外线、可见光、紫外线，直至 X 射线等，涵盖了多种电磁辐射形式。整个电磁频谱的直观展示如图 3−2 所示，该图清晰地呈现了电磁波在不同频段的特点和应用领域。

雷达的工作频率即为其发射电磁波的特定频率，而雷达波段则是指雷达发射电波的频率所覆盖的范围，通常以赫兹（Hz）或周/秒（C/s）作为度量单位。大部分雷达系统运作在超短波及微波波段，这些波段的频率大致介于 30 ~ 300 000 MHz，相应地，其波长则在 10 m 至 1 mm 之间。

常用的雷达工作频率范围通常是 220 ~ 35 000 MHz，然而实际上，各类雷达的工作频率往往超出这一范围。雷达的工作频率不同，其在工程实现上也有着显著的差异。选择合适的工作频率取决于具体的雷达要求和应用场景。雷达的工作频率和整个电磁波频谱在雷达技术领域都是至关重要的

---

[1]　蒋冬婷，范长军，雍其润，等. 面向重点区域安防的无人机探测与反制技术研究［J］. 应用科学学报，2022.

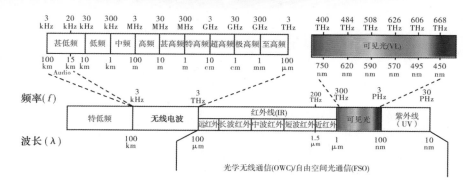

图 3 - 2　电磁频谱示意图

考虑因素。不同的雷达频率范围在工作性能和应用领域上呈现出各自独特的特点。

　　值得一提的是，雷达的工作频段还常常用 L、S、C、X 等英文字母来命名。这一命名方式起源于第二次世界大战期间，一些国家为了保密而采用，并一直沿用至今。不同的雷达频段对应着不同的波长，波长较短时分辨率高但穿透性差，容易被吸收；而波长较长时分辨率较低但穿透性强。

　　表 3-2 详细列出了电气与电子工程师协会（Institute of Electrical and Electronic Engineer，IEEE）于 1984 年制定并在 2002 年修订的雷达频段字母命名标准（IEEE Standard 521 - 2002）。这份标准清晰地规定了各个雷达频段的字母代码，以及它们各自对应的频率范围，为雷达频段的识别和应用提供了明确的参考依据。

表 3 - 2　IEEE 标准雷达频段字母标准

波段命名	标称频率范围	电气与电子工程师协会分配的雷达频段
HF	3 ~ 30 MHz	
VHF	30 ~ 300 MHz	138 ~ 144 MHz，216 ~ 3225 MHz
UHF	300 ~ 1000 MHz	420 ~ 450 MHz，850 ~ 942 MHz
L	1 ~ 2 GHz	1215 ~ 1400 MHz
S	2 ~ 4 GHz	2300 ~ 2500 MHz，2700 ~ 3700 MHz
C	4 ~ 8 GHz	5250 ~ 5925 MHz
X	8 ~ 12 GHz	8500 ~ 10 680 MHz
Ku	12 ~ 18 GHz	13.4 ~ 14.0 GHz，15.7 ~ 17.7 GHz
K	18 ~ 27 GHz	24.05 ~ 24.25 GHz
Ka	27 ~ 40 GHz	33.4 ~ 36 GHz

波段命名	标称频率范围/MHz	电气与电子工程师协会分配的雷达频段/MHz
V	40~75 GHz	59~64 GHz
W	75~110 GHz	76~81 GHz，92~100 GHz
mm	110~300 GHz	126~142 GHz，144~149 GHz，231~235 GHz，238~248 GHz

二、雷达回波中的可用信息

雷达的核心功能主要涵盖检测、追踪以及成像三大方面。为了有效检测某一特定物体或物理现象，我们需要准确判断在特定时间点接收机的输出究竟是来自反射体的回波还是噪声。在实际操作中，我们通常会设定一个阈值，将接收机输出的幅度与之进行比较，从而得出检测结果。这个阈值既可以在雷达设计阶段根据系统特性预先设定，也可以依据实时接收的雷达回波数据进行自适应调整计算得出[1]。

当雷达成功捕获目标后，接下来的核心任务是从目标的回波信号中提取关键信息。对于尺寸小于雷达分辨单元的目标，我们通常会采取简化的处理方式，将其视作"点"目标。这样，我们可以精确地测定目标的距离和空间角度，进而确定其位置。同时，通过观察目标距离和角度随时间的变化趋势，我们可以进一步计算出目标位置的变化率，实现对目标的持续追踪。

如果雷达在一维或多维空间上具备足够高的测量分辨率，那么目标就不再是一个简单的"点"，而是可以被视为由多个散射点构成的复杂结构。此时，我们可以通过分析这些散射点的信息来揭示目标的尺寸和形状等细节。通过调整雷达的极化方式，我们还可以进一步评估目标形状的对称性。理论上，雷达甚至能够测定目标的表面粗糙度和介电特性等更细微的物理属性。

在描述目标在空间、陆地或海面上的位置时，我们可以采用多种坐标系。其中，笛卡儿坐标系（也称为直角坐标系）因其直观性而备受青睐，它通过 x、y、z 三个坐标值来确定空间中的任一点目标 P 的位置[2]。然

---

［1］ Mark A. Richards，邢孟道，等译. 雷达信号处理基础（第二版）［M］. 北京：电子工业出版社，2017.

［2］ 丁鹭飞，耿富录. 雷达原理. 修改版［M］. 西安：西安电子科技大学出版社，2002.

而，在雷达的实际应用中，更倾向于使用极（球）坐标系（图3-3），在这种坐标系中，同样使用三个坐标值就可以精确地描述空间中的任一目标 P 的位置。

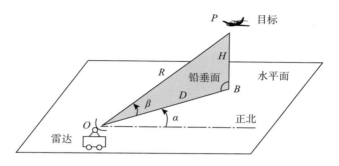

图3-3　极（球）坐标系

目标的斜距 R：雷达到目标的直线距离 OP，也被称为径向距离。

方位角 α：目标斜距 R 在水平面上的投影 OB 与某一起始方向（正北、正南或其他参考方向）在水平面上的夹角，常以正北作为参考方向。

俯仰角 β：斜距 R 与它在水平面上的投影 OB 的夹角，有时也称为倾角或高低角。就相对雷达波束指向而言，上视时常称仰角，下视时常称俯角。

如果需要知道目标的高度和水平距离，那么利用圆柱坐标系比较方便，即目标的位置由以下三个坐标值来确定：水平距离 D，方位角 α，高度 H。

这两种坐标系之间的关系如式3-1，这些关系在目标的距离不太远时是正确的。当距离较远时，由于地面的弧度，必须进行适当的修正。

$$\begin{cases} D = R\cos\beta \\ H = R\sin\beta \\ \alpha = \alpha \end{cases} \tag{3-1}$$

三、雷达探测无人机的技术难点

无人机雷达探测系统取得了很多进展，但仍存在一些尚未解决的问题，无人机雷达探测具体的技术难点包括以下4点。

（一）无人机雷达回波信号弱

小型无人机雷达探测的问题包括无人机的雷达反射截面积较小，制作材料中金属含量低，导致雷达接收到的回波信号非常微弱，输出信噪比低，无人机目标极易被杂波和噪声淹没；探测信号需要经过大气、云雾等干扰，同时还受到地面杂波的影响，因此探测系统需要具备较高的灵敏度和抗干扰能力。在弱信号探测问题上，可以采用多通道技术、自适应滤波器以及脉冲压缩等信号处理技术，提高探测器件的灵敏度和抗干扰能力。通过提高无人机目标回波信号输出信噪比，可以改善雷达目标检测性能，传统的提高信噪比的方法主要包括增大雷达发射机发射功率、降低雷达接收机噪声系数和优选雷达发射载频等。

（二）无人机雷达探测分辨率低

无人机探测系统需要具备空间和时间的高分辨率，以确保准确识别和追踪目标。为了提升分辨率，可以采用波束形成技术，通过多个天线协同工作，实现对目标的高精度测量和定位。

（三）多普勒频移问题

当目标相对运动时，探测系统接收到的信号频率会发生偏移，从而影响对距离、速度等参数的准确估计，降低探测效果。为了解决多普勒频移带来的问题，可以采用相干积累和快速傅里叶变换等先进的信号处理技术，以减少频移对探测效果的负面影响。这些技术能够有效地处理接收到的信号，提高探测的准确性和可靠性。

（四）虚警率高

微小型无人机速度变化范围广泛，这使得其与鸟类、车辆、行人难以明确区分，从而增加了基于雷达散射截面（RCS）和多普勒频谱等特征来区分真实目标与干扰物的难度。然而，微型无人机在飞行过程中，其旋翼转动会产生独特的微多普勒效应，这一特征可以作为区分目标的关键标识，有效降低误报率，且无须依赖其他传感器的辅助识别[1]。

四、无人机雷达探测系统的技术方法

雷达系统的监测效能关键在于其对目标的识别与追踪能力，这一领域的研究涉及对目标距离的准确测量，对空间方位的确定，对速度的估算、形状的识别以及微小运动引起的微多普勒效应的分析。当前，研究焦点集

---

〔1〕 李晓宇. 无人机反制技术装备在低空空域管理中的应用［J］. 中国安防，2023.

中在提升对难以探测的微小、低空慢速目标的侦测技术，以及对无人机与野生鸟类的自动区分算法[1]。

（一）无人机目标雷达检测技术

1. 杂波和干扰抑制技术

杂波和干扰抑制是雷达探测解决的关键性问题。从雷达本身来看，一是要采用高分辨率、低副瓣的天线波束，以提高探测精度和降低干扰；二是需要应用高分辨率的距离分辨率技术，因为距离分辨率越高，背景噪声干扰的影响就越小，有利于提高探测的准确性；三是采用宽发窄收技术，实现更高的分辨速度，以便及时发现和跟踪无人机。在信号处理领域，重要的挑战之一是在滤除杂波的同时，尽可能保留回波信号的细节。为此，研究者们开发了多种算法，包括自适应滤波技术[2]、利用先验知识增强的处理方法[3]，以及检测与跟踪结合的策略。其中，时空自适应处理技术是常用方法之一，但在由异类杂波组成的场景中，训练数据可能会被破坏，导致自适应杂波滤波器失配和检测性能下降[4]。有学者提出将雷达探测技术与基于知识辅助的方法相结合，以更好地应对无人机的挑战。此外，DBT 算法也值得一提，但该算法具有计算量偏大的问题。为了解决这一问题，有文献[5]采用动态邻域跟踪目标的方法，与传统的 TBD 算法相比，该算法所需的计算量更少，并且能够提高检测性能。这种方法可以有效地降低计算复杂度，提高雷达探测的实时性和准确性。综上所述，结合基于知识辅助的方法、DBT 算法等先进技术，可以进一步提高雷达探测无人机的性能，为无人机防控提供更可靠的技术支持。本质上，目标检测实

〔1〕 胡杭，刘彬，黄兴龙，等. 应对无人机恐怖袭击活动策略分析［J］. 飞航导弹，2020.

〔2〕 Kodituwakku S，Nguyen V K，Turley M D. Strong clutter suppression in non – uniform PRF radar：techniques based on interpolation and adaptive processing［J］. Radar，Sonar & Navigation，IET，2019，13（9）：1540 – 1547. DOI：10. 1049/iet – rsn. 2018. 5632.

〔3〕 Wang L，Tao R，Zhou S. Adaptive ground clutter cancellation of slowly moving targets with the multi – channel airborne SAR［C］//International Conference on Microwave & Millimeter Wave Technology. IEEE，2002. DOI：10. 1109/ICMMT. 2002. 1187758.

〔4〕 Bjorklund S，Nelander A. Fast – Time STAP for clutter suppression between transmitter and receiver in bistatic radar［C］//Radar Conference – Surveillance for a Safer World，2009. RADAR. International. 2009.

〔5〕 Guerraou Z，Khenchaf A，Comblet F，et al. Particle Filter Track – Before – Detect for Target Detection and Tracking from Marine Radar Data［C］//2019 IEEE Conference on Antenna Measurements & Applications（CAMA）. IEEE，2019. DOI：10. 1109/CAMA47423. 2019. 8959750.

际上是一种识别过程，其目的是区分检测到的信号是来自目标的回声（即目标存在的情况）还是仅仅是背景噪声（即无目标的情况）。这一点可以借助深度学习的技术来实现目标检测。具体而言，当目标存在时，其产生的距离多普勒频谱与无目标时的频谱存在显著差异，进一步地，可以将这些距离多普勒频谱视作图像进行处理，文献[1]中描述了一种方法，该方法首先匹配滤波和多普勒频谱分析，对回波信号进行初步处理，可以得到距离和多普勒信息，进而利用卷积神经网络（CNN）进行后续的处理和分析。从而获取距离多普勒频谱，随后利用卷积神经网络对这些频谱图像进行分类，进而实现目标检测。

2. 回波信号的精细化信号处理技术

在低速运动目标的检测过程中，由于各种杂波和干扰的影响，目标检测的性能往往会受到限制。为了提升检测效果，提高回波信号的处理精度，需要实施更为深入的处理步骤。在此过程中，涉及的关键技术包括动目标的检测和显示技术。低慢小目标的速度较低，容易受到杂波或干扰的影响，这对滤波器的设计提出了更高的要求。在动目标检测领域，选择合适的窄带滤波器显得尤为重要，因为其性能直接影响着检测结果的质量，MTD 滤波器一般有快速傅里叶变换 FFT 法和有限冲击响应 FIR 法[2]。在相关研究中，文献[3]提出了一种有效的动目标检测方法，在目标检测过程中，首先采用高阶 FIR 滤波器去除背景噪声中的低频成分，接着利用 Chirp-Z Transform（CZT）加速的 Radon-Fourier 变换（RFT）和自适应匹配滤波器（AMF）对目标信号进行增强和聚焦，最终通过单元平均恒虚警率检测器（CA-CFAR）完成目标信号的检测任务。相比 FFT 法，常规的 FIR 滤波器在设计和应用上更加有效和灵活。它能在频率域的零频附近形成凹口，从而适应不同的杂波分布。然而，FIR 滤波器的一个显著缺点是副瓣较高，这可能导致不同滤波器间的相互干扰，增加虚警的风险。为了降低副瓣的影响，实际应用中常会对 FIR 滤波器进行加窗处理，以改善旁瓣电

[1]　Wang L , Tang J, Liao Q. A Study on Radar Target Detection Based on Deep Neural Networks [J]. IEEE Sensors Letters, 2019, PP(99): 1 – 1. DOI:10. 1109/LSENS. 2019. 2896072.

[2]　丁鹭飞，耿富录. 雷达原理. 修改版 [M]. 西安：西安电子科技大学出版社，2002.

[3]　梁璞，陈兴，刘让，等. 基于 RFT 和 AMF 融合聚焦的雷达弱小目标检测 [J]. 航空兵器，2019，26（06）：1 – 9.

平。加窗处理对中心频率较高的滤波器副瓣改善效果较好，但对中心频率较低的滤波器副瓣改善效果有限。此外，当常规 FIR 滤波器在零频处的凹口宽度与杂波信号的谱宽度相匹配时，可能会导致滤波器主瓣发生畸变，这也是设计时需要特别注意的问题。针对滤波器设计中的畸变问题，西安电子科技大学的孙林教授[1]在相关研究中提出了一种创新的变凹口宽度 FIR 滤波器设计方法。该方法通过灵活调整滤波器的凹口宽度，旨在确保良好的杂波抑制效果，同时最小化信号损失。虽然传统的 FIR 滤波器和这种变凹口宽度的 FIR 滤波器都在一定程度上提升了滤波器的性能，但它们并不总能在所有需要抑制的干扰区域形成有效的凹口以消除干扰。为了解决这个问题，研究者们进一步提出了基于凸优化的滤波器设计方法[2]。这种方法能够在特定的干扰区域形成凹口，为滤波器设计提供了更高的灵活性。然而，值得注意的是，变凹口宽度的 FIR 滤波器和基于凸优化的滤波器设计方法在计算复杂度上都相对较高。在低慢小目标的检测场景中，由于脉冲驻留时间较长且积累的脉冲数较多，传统的滤波器在低速目标检测和计算效率方面存在一定的局限性，因此，更加灵活、高效的滤波器设计方法显得尤为重要。另外，需要指出的是，滤波器的设计通常是在频域内进行目标分离的过程。频域分析是通过傅里叶变换来实现的，而傅里叶变换是一种全局性变换。这意味着它提供的是信号的整体频谱信息，而无法准确描述信号在时频局部的特性，有文献[3]研究了经验模式（EMD）和变分模式（VMD）的模式分解算法运用于回波信号的分解过程，研究了杂波抑制方向的可行性，但对于 EMD 算法的模态函数筛选和 VMD 算法的模态分量 K 值确定问题，不能够自适应地确定。

3. 多径效应抑制技术

在低空环境中，雷达探测目标时常常会面临多径效应的干扰。多径效应是指雷达在探测低空目标时，发射出的波束会沿着多条不同的路径返回接收机，这些不同路径上的回波信号会相互干扰，各路径回波的相位差异

---

〔1〕 孙林. 基于 GPU 的多功能相控阵雷达信号处理及实现［D］. 西安：西安电子科技大学，2018.

〔2〕 赵千川，王梦迪. 凸优化原理［M］. 北京：清华大学出版社，2015，11.

〔3〕 田格格. 低慢小目标探测雷达信号处理关键技术［D］. 西安：西安电子科技大学，2020.

导致叠加后的信号幅度发生不规则变化，时而减弱，时而增强，从而导致接收到的信号幅度发生波动，角度测量出现误差，使雷达在某些区域产生探测盲区。这种幅度的剧烈起伏严重影响了雷达检测的稳定性，使得其对目标的准确探测变得更加困难。因此，深入研究不同类型目标在多径环境中的回波特性以及相应的检测性能，对于优化当前的多径检测技术和提升雷达在多径条件下的探测能力具有重要的指导意义[1]。

在多径信号传播的研究领域，S L Wilson 等人在他们的文献[2]中率先构建了针对低空目标的多径信号传播模型，奠定了这一研究方向的基础。随后，在不同的文献[3][4]中，R Zetik 等人进一步细化了多径空间的划分，将其分为反射区、衍射区以及组合区，并深入探讨了各区域内信号的组成成分，为理解多径信号的复杂特性提供了重要依据。此外，有文献[5]中，作者利用电磁仿真软件对城市环境中的电波传播进行了模拟研究，重点模拟了建筑物对电波的反射和衍射作用，为城市环境下的多径信号传播特性提供了有益的参考。在探讨城市环境对多径信号传播的影响方面，有文献[6]的作者深入分析了各种建筑材料对电波的反射特性，并探讨了天线极化方式、信号频率等关键参数与多径传播之间的内在联系。这为理解城市复杂环境中的多径现象提供了新视角。进一步地，有文献[7]的作者通过搭建实验平台，在有建筑物遮挡的实际场景中测量了旋翼无人机产生的反射回波和衍射回波，还对多径回波中的多普勒现象进行了深入研究，为实际应用中的多径信号处理提供了宝贵数据支持。此外，国内学者徐振

〔1〕 张亚豪. 低空小型无人机雷达检测与识别［D］. 哈尔滨：哈尔滨工业大学，2022.

〔2〕 S L Wilson, B D Carlson. Radar Detection in Multipath［J］. IEEE Proceedings Radar, Sonar and Navigation, 1999, 146(1)：45－54.

〔3〕 R Zetik, M Roding, R S Thomas. UWB localization of moving targets in shadowed regions［C］. Proceedings of EUCAP, 2012：1729－1732.

〔4〕 R Zetik, M Eschrich, S Jovanoska, et al. Looking Behind a Corner Using Multipath－Exploiting UWB Radar［J］. IEEE Transactions on Aerospace and Electronic Systems, 2015, 51(3)：1916－1926.

〔5〕 郭世盛. 建筑环境多径信号抑制与利用方法研究［D］. 成都：电子科技大学，2019.

〔6〕 D. Tahmoush, J. Silvious, B. Bender. Radar Surveillance in Urban Environments［C］. Proceedings of IEEE Radar Conference, 2012：0220－0225.

〔7〕 M. Gustavsson, A. Andersson, T. Johansson, et al. Micro－Doppler Extraction of a Small UAV in a Non－Line－of－Sight Urban Scenario［C］. Proceedings of Radar Sensor Technology XXI. International Society for Optics and Photonics, 2017.

海、肖顺平等在文献[1]中对上述部分理论进行了系统而全面的综述，为相关领域的研究者提供了便捷的参考。有文献[2]则在以上研究基础上更进一步地推导了在多径环境下针对非起伏目标的单脉冲检测概率公式，为多径环境下的目标检测提供了更为精确的理论依据[3]。

综上所述，在雷达探测领域，针对"低慢小"无人机的探测主要依赖于先进的信号处理技术。国内外的研究者在这一领域做出了显著贡献，提出了多种方法以应对强杂波和干扰。这些方法各具特色，有的研究侧重于改进现有技术，有的则致力于将多种信号处理方法相结合，以突破单一方法的局限性。近年来，深度学习技术在雷达信号处理中也展现出了广阔的应用前景，不过某些研究主要基于仿真数据验证了深度学习方法的优越性，其在真实数据集上的表现仍有待进一步探索。值得注意的是，匹配滤波和多普勒处理过程与卷积运算具有相似性，这提示我们可以尝试直接利用深度神经网络（DNN）对原始回波信号进行检测，这不仅为杂波抑制提供了新的思路，而且预示了深度学习技术在该领域可能达到的高性能水平。未来，随着深度学习技术的不断发展和真实数据集的日益丰富，我们有理由期待该技术在雷达信号处理中发挥更加重要的作用[4]。

（二）无人机与鸟类、无人机与无人机的分类

在无人机与鸟类的分类问题上，依据所采用的分类特征，我们可以将其划分为两个主要方向。第一种方法是基于微多普勒特征进行分类，而第二种方法则依赖于不同的信息源。利用微多普勒特征进行分类识别的研究在当前占据着主导地位。

微多普勒信号（micro Doppler signal，mD-s）是由目标或其组成部分的微小运动（如鸟类翅膀的扇动、飞行器的螺旋桨转动）产生的振动，会在雷达接收到的多普勒频谱中产生信号。这种信号蕴含的信息极为丰富，

---

〔1〕 徐振海，肖顺平，熊子源. 阵列雷达低角跟踪技术［M］. 北京：科学出版社，2014：123－125.

〔2〕 Y. Jang, H. Lim, D. Yoon. Multipath Effect on Radar Detection of Nonfluctuating Targets［J］. IEEE Transactions on Aerospace and Electronic Systems，2015，51（1）：792－795.

〔3〕 张亚豪. 低空小型无人机雷达检测与识别［D］. 哈尔滨：哈尔滨工业大学，2022. DOI：10.27061/d. cnki. ghgdu.2021.001396.

〔4〕 罗俊海，王芝燕. 无人机探测与对抗技术发展及应用综述［J］. 控制与决策，2022，37（03）：530－544. DOI：10.13195/j. kzyjc.2020.1507.

可以用来推导和解读目标的形状、结构、姿态、受力状况以及运动特性等重要特征[1]。近年来，微多普勒信号特征在无人机探测领域的研究中受到了广泛的关注并被深入探讨，已成为该领域的一个研究热点。

飞行动物的翼动和无人机的旋翼转频对雷达回波造成调制效应，从而影响多普勒信号的特性，使得回波多普勒谱出现展宽，具有时变和周期性，体现出微动特征[2]。有文献[3]建立了单只飞鸟的角反模型，在控制环境中收集的数据表明，不同鸟类的形态特征对其雷达回波产生了显著影响。基于这一理论，我们有望通过分析鸟类的回波特征来识别特定物种，这为物种识别提供了新的可能性。然而，这一方法的实际应用效果尚未经过严格的实验验证，对于鸟群目标的角反模型仍然需要分析和研究。雷达探测到的微小型无人机旋翼的回波信号，是由无人机本体的多普勒效应和旋翼的微小振动共同作用的结果[4]，这种叠加效果在雷达探测中形成了独特的信号特征，既有无人机整体运动的多普勒频移，又包含了旋翼快速旋转引入的微多普勒调制，如图 3-4 所示[5]。

如图 3-5，在武汉大学进行的实验中，研究人员对大疆 M100 无人机进行了微多普勒效应的研究。该无人机配备四个旋翼，每个旋翼有两片叶片，叶片长度为 17.25 厘米，最大转速达到 129.5 转每秒。在无人机悬停时，旋翼的旋转对回波信号产生了调制，导致频谱宽度增加，可以明显观察到微多普勒效应。由于每个旋翼的转速不同，它们在多普勒频谱中占据了不同的频率区间[6]。

---

〔1〕　Chen V C，Li F，Ho S S，et al. Micro - Doppler effect in radar: Phenomenon，model，and simulation study[J]. IEEE Transactions on Aerospace & Electronic Systems，2006，42(1):2 - 21. DOI: 10.1109/TAES.2006.1603402.

〔2〕　刘凯越，张晨新，刘刚，等. 关于飞机雷达探测飞鸟的 RCS 建模仿真 [J]. 计算机仿真，2016，33 (05)：120 - 124，228.

〔3〕　龚江昆. 鸟类目标电磁散射特性和回波检测识别技术研究 [D]. 武汉：武汉大学，2021. DOI：10.27379/d.cnki.gwhdu.2019.000057.

〔4〕　陈小龙，陈唯实，饶云华，等. 飞鸟与无人机目标雷达探测与识别技术进展与展望 [J]. 雷达学报，2020，9 (05)：803 - 827.

〔5〕　JAHANGIR M and BAKER C J. Extended dwell Doppler characteristics of birds and micro - UAS at l - band[C]. The 2017 18th International Radar Symposium，Prague，Czech Republic，2017：1 - 10. doi：10.23919/IRS.2017.8008144.

〔6〕　陈小龙，陈唯实，饶云华，等. 飞鸟与无人机目标雷达探测与识别技术进展与展望 [J]. 雷达学报，2020，9 (05)：803 - 827.

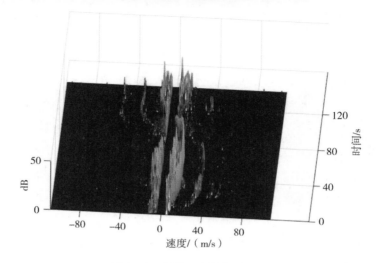

图 3 - 4 旋翼无人机微动特性

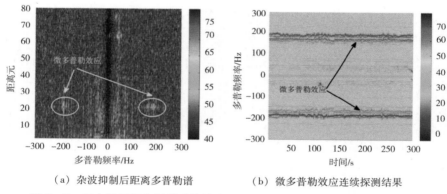

（a）杂波抑制后距离多普勒谱   （b）微多普勒效应连续探测结果

图 3 - 5 无人机目标实测微动特性分析（外辐射源中心频率 658 MHz）[1]

图 3 - 6 显示了大疆 S900 无人机与猫头鹰飞鸟的微多普勒特性对比，发现由于无人机旋翼的高转速，其微动周期明显比飞鸟短。然而，在微多普勒信号的强度上，无人机则相对较弱。此外，飞鸟的机动性导致其翅膀扇动模式不规则，从而使得其微多普勒特征更为复杂多变。这些明显的差异提供了准确探测和识别无人机与飞鸟目标的重要依据。

〔1〕 刘玉琪，易建新，万显荣，等. 数字电视外辐射源雷达多旋翼无人机微多普勒效应实验研究〔J〕. 雷达学报，2018，7（05）：585 - 592.

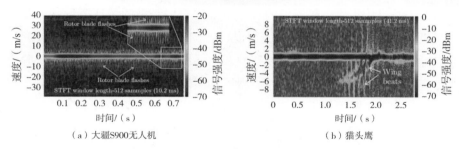

（a）大疆S900无人机　　　　　　　（b）猫头鹰

图 3-6　无人机和飞鸟目标微多普勒特征（24 GHz）[1]

尽管如此，利用微动特征进行飞鸟和无人机目标识别仍面临一些挑战。首先，"低慢小"目标的回波信号非常微弱，这使得微动特征的提取变得异常困难；其次，现有的时频分析方法在分辨力上仍存在局限，这进一步增加了特征提取和分类识别的难度。最后，尚未完全明确目标与微动特征之间的对应关系，这也是未来研究中需要重点探索的问题。

五、雷达探测设备示例

用于探测低慢小目标的雷达设备的类型和特性见表 3-3。

表 3-3　低慢小目标探测雷达的类型和特性

类型	工作流程	特点
调频连续波雷达	利用变频电磁波探测目标，发射跳频信号，接收反射信号，对信号进行处理，提取目标信息	具有高分辨率、高精度和低功耗等特点，广泛应用于智能交通、工业自动化、安防监控等领域，但只适用于探测静止或移动的目标，无法检测隐形或不规律移动的无人机
同步相参雷达	发射一定频率的连续波信号，接收回波信号，并通过同步相参技术提取出回波信号中的相位信息，实现对低速目标的探测	具有高精度和高灵敏度等优点，适用于探测小型、低速的目标
相控阵雷达	利用电子束发送和接收信号，通过相位和幅度调制，波束合成，实现对目标的探测和跟踪	具有高分辨率、高可靠性和抗干扰能力强等特点，广泛应用于军事、航空、交通、安防等领域，但成本较高，且应用范围存在局限
脉冲多普勒雷达	测量并分析返回信号的多普勒频移，实现对运动目标速度和方向的测量	具有探测距离远、可靠性高、不易受干扰等优点，广泛应用于军事、航空、交通、安防等领域，但对小型无人机的探测能力较弱

〔1〕 RAHMAN S and ROBERTSON D A. Radar micro-Doppler signatures of drones and birds at K-band and W-band〔J〕. Scientific Reports, 2018, 8（1）：17396. doi：10.1038/s41598-018-35880-9.

最早一批用于无人机探测的雷达系统是军用级别的，这类设备主要针对飞机和导弹等大型高速目标进行设计，随着低慢小无人机的广泛应用，需要针对低慢小目标的特点对原有的雷达系统进行调整，才能在多变的环境中有效地探测和识别低空慢速小型目标。

不少相关国际组织已经在无人机分类与辨识技术上进行了研究，并成功开发出了相应的产品。其中，一些具有代表性的成果如下。

①瑞典萨博公司研发的"长颈鹿"AMB 雷达系统，不仅能够对空域进行持续监控，还增强了对于低空低速小型飞行物的探测和追踪功能。该雷达系统具有卓越的探测和跟踪低空慢速小目标的能力，能够同时识别出超过 100 个雷达截面积大于 0.001 平方米的空中目标。此外，该系统已经通过了实证测试，证明了它能够同时追踪五架以上的小型无人机，并能在复杂的地杂波背景中准确识别这些目标。通过整合雷达系统与各类武器平台，该雷达在应对无人机威胁中展现了优异的性能。

②以色列的 ARTsys360 公司开发了一款便携式三维电子雷达，该雷达轻巧且耗电量低，能够对 400 米范围内的目标进行 360°水平扫描和 90°垂直扫描，提供高达 1.5°的水平和垂直分辨率，并能够以 360°每秒的速度进行扫描。该雷达使用四块可替换的锂电池作为电源，具有 2 至 4 天的续航能力。这款雷达设备非常适合沿着边界或围栏部署，作为增强国家领土安全的一种有效手段，为边境巡防提供了有力的技术支持[1]。

③德国联邦应用科学研究所（FHR）采用了一种创新方法，通过整合全球移动通信系统（GSM）信号来改进环境监测技术。他们开发了一种名为 GAMMA-2 的多路外辐射源雷达系统，该系统能够利用外辐射源雷达检测到"低速低空小型"目标的微小运动特征。

④法国国家航天航空研究院（ONERA）在其研究中利用了特高频（UHF）频段的数字视频广播－地面（DVB-T）信号，以推进相关技术的发展，并通过多频及单频组网探测技术，实现了对 3 km 外无人机目标的连续定位跟踪。

⑤英国伦敦大学为了应对无人机的"低速、低空、小型"特性，设计

〔1〕 张俊杰. 低空小型无人机探测雷达的 FPGA 设计 ［D］. 西安：西安电子科技大学，2021. DOI：10.27389/d.cnki.gxadu.2020.000300.

了一个 S 波段雷达系统 NetRAD，该系统采用三个接收器和一个发射器。利用多旋翼无人机的微多普勒效应，该系统有效地补充了时间域探测的局限性，从而提高了目标定位和跟踪的性能[1]。

⑥荷兰 Robin 公司推出了一款新一代雷达系统，该系统采用调频连续波波形技术，能够有效区分无人机和鸟类等微动目标。这一技术不仅使得无人机探测更加精确，还增加了目标识别的功能[2]。

中国电子科技集团公司第十四研究所（中国电科 14 所）自主研发的 YLC48 系列雷达在要地超低空目标防御领域处于国内领先地位。这种雷达采用二维相扫圆形数字有源相控阵技术，操作在 S 波段频率，能够进行 360°全周向波束扫描，具备全天候、全天时的作业能力。它的体积小、重量轻，便于安装和收纳，适合安装在各种轻型武器平台和单兵作战装备上。雷达天线由多个 10 单元的线阵组成，按照三角形网格排列，形成一个共形圆柱状结构，因其阵列布局的特点而得名"蜘蛛网"。目前，这款雷达系统已经交付给大亚湾核电站，并在实际环境中使用。在民用雷达市场，产品种类逐渐增多。武汉领先通用航空技术有限公司开发的 AUDS 探测雷达已经商业化，该雷达同样工作在 S 波段，最低探测速度为 2 m/s，最大探测距离可达 5 km，可根据需求扩展至 30 km。它支持多系统智能联网，能够追踪和记录目标飞行轨迹，并提供无人值守功能，能够提供符合标准协议的监测数据[3]。成都空御科技有限公司推出的"降鹰"反无人机系统包括电磁波雷达、光电摄像头和干扰系统，分别被命名为"探鹰""追鹰""驱鹰"。"探鹰"先用电磁波雷达侦测远距离的无人机，"追鹰"确认目标，"驱鹰"采取反制措施。其中，"探鹰"使用 Ku 波段运行，探测距离精度为 3 m，速度精度为 0.1 m/s，方位角精度为 1°，俯仰角精度为 2°，峰值功率小于 8 W。该系统已于成都美国领事馆撤馆，北京大兴国际机场及四川银行成立仪式等重要场合得到实际应用[4]。

〔1〕　POULLIN D. UAV detection and localization using passive DVB-T radar MFN and SFN［R］. 2016.

〔2〕　陈小龙，陈唯实，饶云华，等. 飞鸟与无人机目标雷达探测与识别技术进展与展望［J］. 雷达学报，2020，9（05）：803－827.

〔3〕　张俊杰. 低空小型无人机探测雷达的 FPGA 设计［D］. 西安：西安电子科技大学，2021. DOI：10.27389/d.cnki.gxadu.2020.000300.

〔4〕　马越，缪晨，张若愚，等. "低慢小"无人机雷达探测研究与展望［J］. 国防科技，2023，44（05）：60－66. DOI：10.13943/j.issn1671－4547.2023.05.08.

（一）脉冲多普勒雷达

脉冲多普勒雷达如图 3-7 所示，该雷达系统是一款方位机扫、俯仰维相扫的脉冲多普勒体制三坐标雷达，主要用于对低空飞行器和地面移动车辆、人员进行探测定位。该雷达具备大范围空域搜索和精确跟踪的能力，对典型目标（民用小型无人机、行人、普通小轿车）的发现距离远，对目标的移动轨迹追踪灵敏、精确。该雷达可以精确探测目标的空间位置，配接光电系统，可与干扰、激光武器、导航诱骗等反制设备级联。该雷达对于典型目标（大疆精灵4）的探测距离超过 5 km，对人员、车辆的探测距离超过 8 km，可同时追踪超过 200 个目标，初步具备对抗蜂群的技术能力。

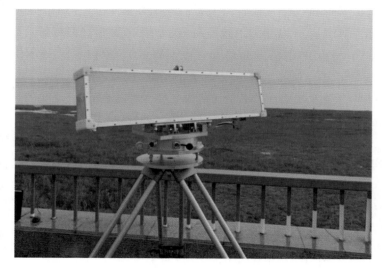

图 3-7　脉冲多普勒雷达系统

（二）微多普勒雷达

图 3-8 所示的系统由雷达探测单元和处理显示单元组成，将智能化软件与雷达硬件结合，实现对无人机的自动探测预警。该系统广泛适用于重点设施（如首脑机关、核电、机场、监狱、能源中心等）和重大活动对无人机袭扰的安全防卫，可与反制设备集成，实现无人值守、自动发现、智能识别、自动控制、察打一体。工作频率 X 波段，探测半径 5 km，自动识别无人机距离不小于 1 km，可以发现悬停无人机，发射功率 4 W，数据更

新率 1 Hz，用电功率 300 W。符合国家环境健康标准，对周围人群不会造成有害影响，也不会对周围的电器设备产生干扰，非常适合城市环境对重点目标的无人机探测防范。雷达总重不超过 100 kg，体积小于 1 m³，既适合车载使用，也适合在建筑物顶部部署，能够做到隐蔽安装、快速反应。通过组网使用，在城区环境高低错落配置，可以覆盖城市街道和弥补探测盲区。

图 3-8　微多普勒雷达

在实施可移动部署策略时，系统通常被安置在被保护区域的中央，以确保最大的预期保护范围。在移动部署模式下，控制和显示终端被安置在车辆内部，操作人员也在车上执行任务，这有利于系统的快速部署和操作。移动部署的一个显著优点是它的快速响应能力，能够迅速移动到目的地并开始工作，从而及时应对潜在的入侵威胁。这种部署方式非常适合应对小规模的紧急和突发事件，同时也可以作为固定部署的补充，提供一个灵活的应急支援系统。（图 3-9）

图 3-9　微多普勒雷达部署方式

采用固定式部署可充分发挥雷达的远距离覆盖范围。雷达部署在需保护区域的建筑物顶部，多部雷达配合组网，高低错落部署，最大程度减少盲区；控制和显示终端安置在用户控制中心，雷达与拒止系统采用网络或光纤的形式与控制和显示终端进行通信，操作人员在控制中心进行设备的远程开机、关机、唤醒、设备自检、操作等工作。

第三节　无线电探测技术

无人机与地面控制站之间的通信涉及大量的数据传输，这包括用于操控无人机飞行的控制信号以及用于传输图像和其他数据的图像传输信号。无线监测技术能够对未加密的通信数据和图像进行侦听和分析。这项技术的核心在于捕获无线信号，并从中解析出诸如频率、符号率、调制方式、信号跳变和信道带宽等关键信息，进而提取出独特的频谱特征。使用这些特征能够构建一个无人机特征数据库。通过将实时监测到的特征与数据库中的信息进行对比，或者利用机器学习算法进行识别，可以有效地探测和鉴定无人机[1]。

具体而言，在侦测到无人机的无线电频率信号时，可以从中提取出独特的"指纹"特征，将这些特征与数据库中的信息进行对比，能够确定无人机的品牌和型号。若检测到的无人机信息不在合法注册的清单上，系统将触发警报。此外，通过使用单一站点方向确定技术、基于接收信号强度的测距技术以及多站点时间差定位技术等方法，可以计算出无人机的大致方向、距离和位置，这为后续的无人机应对措施提供了必要的信息，从而实现对无人机的有效管理。

单个无线电探测设备通常只具备测量功能，多个无线电探测设备协同使用时可以通过交叉定位的方式，或者采用 TDOA 技术体制进行目标定位。现实环境中存在各种其他射频信号，使得基于射频的无人机检测存在虚

---

〔1〕 蒋冬婷，范长军，雍其润，等. 面向重点区域安防的无人机探测与反制技术研究 ［J］. 应用科学学报，2022.

警、误报的概率[1]。

近年来，民用无人机市场发展迅猛，广泛应用于地理测绘、安全巡查、农林植保、文化娱乐等领域，应用潜力巨大。民用无人机实现遥控、遥测、信息传输等功能均需要使用无线电频率，为了加强民用无人机无线电管理，工业和信息化部于 2015 年发布了《关于无人驾驶航空器系统频率使用事宜的通知》，为民用无人机机载电台和相关地面无线电台（站）（以下统称民用无人机无线电台）使用无线电频率作出规划。由于民用无人机产业快速发展和其具备的特殊性，现行无线电管理政策不能完全满足民用无人机管理需要。相关上位法对涉及民用无人机无线电管理事宜仅作出原则性规定，因此有必要制定相关无线电管理配套政策，进一步落实上位法有关要求，对民用无人机无线电管理方面的政策进行细化明确，以规范民用无人机无线电发射设备的研制、生产、进口、销售，无线电频率使用，无线电台设置、使用等工作。2022 年 11 月，工业和信息化部无线电管理局研究起草了《民用无人驾驶航空器无线电管理暂行办法》，进一步明确将民用无人机无线电发射设备型号核准、无线电频率使用、无线电台的设置和使用纳入无线电管理范畴，使管理政策与上位法保持一致。

在民用无人机无线电发射设备管理方面，明确了民用无人机无线电发射设备需要进行型号核准的情形，并对民用无人机寄递、临时进关、销售备案等作出明确要求。在民用无人机频率使用管理方面，《民用无人驾驶航空器无线电管理暂行办法》结合目前民用无人机实际使用需求，优化调整了民用无人机可以使用的无线电频率范围，同时对民用无人机用于探测、自主避障等功能的雷达频率也进行了规定，此外，还对民用无人机无线电频率使用许可主体和许可要求作出了相应规定。在民用无人机无线电台管理方面，《民用无人驾驶航空器无线电管理暂行办法》对需要办理无线电台执照的民用无人机无线电台明确了办理要求，并对民用无人机搭载其他无线电台（站）等事项作出规定。

目前市面上常见的消费级无人机大多采用 2.4 GHz、5.8 GHz 频段，840.5 ～ 845 MHz、1430 ～ 1444 MHz 和 2408 ～ 2440 MHz 频段用于无人机驾

---

[1] 王双宇，肜鑫，肖东升，等."低慢小"无人机反制技术发展现状与趋势 [C]. 中国指挥与控制学会，2022.

驶航空器系统[1]。

在无人机系统的通信频段中，840.5 MHz 至 845 MHz 的频段适用于无人机的上行遥控链路。这个频段也可以通过时分复用技术，同时用于无人机的上行遥控和下行遥测信息的传输。

1430 ~ 1446 MHz 的频段用于无人机系统的下行遥测和信息传输链路。在这个频段中，1430 ~ 1434 MHz 的中频段应首先确保警用无人机和直升机视频传输的需求，而在必要时，1434 ~ 1442 MHz 的频段也可以用于警用直升机的视频传输。无人机在市区进行部署时，应优先使用 1442 MHz 以下的频段。

最后，2408 MHz 至 2440 MHz 的频段可用于无人机系统的下行链路。在使用这个频段的无线电台时，必须确保不对其他合法的无线电业务造成干扰，并且不应寻求无线电干扰的保护。目前大部分民用消费级无人机使用免费的 ISM 频段作为通信频率，ISM 频段是由国际电联定义的，主要开放给工业、科学和医学机构免费使用，不需要无线电管理机构批准的频段。适合无人机通信的频段主要在微波波段，包括：433.05 ~ 434.79 MHz，902 ~ 928 MHz，2.400 ~ 2.4835 GHz，5.725 ~ 5.875 GHz。还有部分无人机爱好者个人组装的无人机、穿越机，会采用国家无线电管理部门规定的业余无线电频段作为无人机飞控、图传通信的频率，主要集中在 430 ~ 440 MHz，1260 ~ 1300 MHz 两个频段。综上，无人机探测设备需要满足的常用工作频段包括 430 ~ 440 MHz、840.5 ~ 845 MHz、902 ~ 928 MHz、1260 ~ 1300 MHz、1430 ~ 1444 MHz、2.400 ~ 2.4835 GHz、5.725 ~ 5.875 GHz。

一、无线电频谱探测技术的优势

（1）该探测系统不受无人机的大小、材质或障碍物（如树木和建筑物）的遮挡影响，且设备成本较低，适合在广阔区域内固定部署，特别适合于无须人工值守的长期监控任务；

（2）与雷达技术不同，无线电频谱探测对周围的电磁环境干扰小，且探测距离可超过 8 千米，能够满足机场等关键区域对无人机监控的需求；

---

[1] 梁延峰，王欣九，张博，等. 城市环境下反无人机技术发展设想 [J]. 中国电子科学研究院学报，2023.

（3）该系统具备精确识别能力，能够在众多自然目标（如飞鸟）中区分出真正的无人机目标，并准确识别其型号；

（4）系统能够实现快速监测响应，一旦无人机启动，即可进行探测与识别；

（5）通过解析截获的视频流，可以获取无人机拍摄现场的实时图像信息，这有助于揭示操控者的潜在意图[1]。

二、无线电频谱探测技术的不足

（1）在分析和识别频谱特征时，尤其是当无线电信号的通信协议和内容经过加密处理时，解密和追踪的过程既耗时又复杂；

（2）探测系统主要依赖被动监测空中目标的无线电信号。如果无人机是私人制造的，处于自动驾驶模式，或者在静默模式下航行不发出信号，则无线电频谱探测技术可能无效；

（3）频谱特征库是基于现有信息构建的，因此对于那些未被数据库收录的频段目标，探测系统可能无法识别。这就要求频谱特征库不断更新，以便将新型无人机的频谱信息及时纳入已知目标列表；

（4）目前，市场上出现了一些具备跳频功能的无人机，这些无人机的频谱难以被现有技术有效追踪，因为它们能在极短的时间内切换到不同的频率。对于传统的单一频谱探测设备来说，它们的扫频带宽有限，而且测向、定位或跟踪过程中可能会出现误差，因此在实际探测中，通常需要多台设备协同作业[1]。

三、无线电探测设备示例

图 3-10 所示的无线电探测设备能够探测发现 300～6000 MHz 全频谱范围内无人机的无线电信号，监测范围半径为 6 km，根据无人机辐射的无线电信号实施识别和测向。设备同时具备协议解析功能，能准确解析大疆无人机和遥控器的位置信息。设备可通过低空安全管理平台自动对入侵无人机进行联动处置，根据探测到的无人机位置与频率信息，与压制设备联

---

〔1〕 蒋冬婷，范长军，雍其润，等. 面向重点区域安防的无人机探测与反制技术研究 [J]. 应用科学学报，2022.

动,实现无人值守。该系统实现了对无人机无线电信号全面的探测、识别、定位跟踪等功能,频率范围为 300~6000 MHz,探测角度为水平 360°,俯仰不小于 90°,探测范围不小于 6 km,探测数量不少于 20 架,响应时间小于 2 s。

图 3-11 所示的 TDOA 无线电探测系统采取 TDOA 无源探测技术,获取无人机通信频段、方位、距离、型号等信息,实现无线电信号监测、无人机定位识别和轨迹跟踪等功能。该系统通过多基站设备自主组网,对覆盖范围内无人机目标的遥控、图传频段信号进行全天候、360°无死角、7×24 持续探测,可快速发现、准确定位起飞或准备起飞的无人机,通过频谱以及其他解调信息与内置无人机频谱特征数据库中的信息进行对比,分析识别无人机品牌及型号。使用无源探测和定位技术,不主动发射电磁信号,具备实时频谱分析、信号定位和电磁频谱管理功能,具备同时跟踪多架无人机的能力,具有黑白名单功能,目标识别库可升级扩充。

图 3-10 无线电探测设备
(AOA+协议解析)

图 3-11 TDOA 无线电
探测系统

第四节 光电探测技术

类似于雷达探测技术，光电探测技术也将军用光电探测系统的成像与识别技术应用在民用无人机探测中，通过可见光或红外探测器实现目标捕获、识别及跟踪。光学探测系统能够通过各种波段捕捉到无人机的身影，包括但不限于可见光、红外、热红外和红外激光波段。对这些不同波段所获得的图像进行深入的分析与处理，能够对无人机进行检测、识别以及跟踪，获取其种类和所在位置等关键信息[1]。

在应对无人机威胁的场合，光电技术主要被应用于五个领域：光电侦测、光电定位、光电成像、光电图像分析以及视频/图像目标检测和特征提取[2]。

光电技术可以根据是否使用外部能量源分为两大类：无源光电技术和有源光电技术。无源光电技术主要利用自然界中存在的辐射，包括可见光（VIS）技术、近红外（NIR）技术、中红外（MIR）技术和远红外（FIR）技术。有源光电技术主要以激光雷达（LiDAR）为代表。不同光电技术在无人机对抗应用领域的优势和局限性见表3-4。[2]

表3-4 各种光电技术的优点和缺点对比

类型	技术名称	优点	缺点
无源光电技术	可见光技术	摄像头探测距离远、像素分辨率高、光电解决方案灵活	只能获取2D位置信息、要求有源照明、有大气效应、易受杂波影响
	近红外技术	有夜视能力、非冷却微测辐射热计相机相对便宜	只能获取2D位置信息、有大气效应、分辨率较低、无人机特征通常不明显
	中、远红外技术	有夜视能力	只能获取2D位置信息、分辨率较低、冷却相机和光电元件价格较昂贵
有源光电技术	激光雷达	能获取3D位置信息、探测距离远（超过1 km）	有源系统、易受杂波影响

〔1〕 蒋冬婷，范长军，雍其润，等. 面向重点区域安防的无人机探测与反制技术研究 [J]. 应用科学学报，2022.

〔2〕 李林莉，程旗，张荔，等. 反无人机技术研究现状综述 [J]. 飞航导弹，2021.

无人机的运作会产生红外辐射，尤其是电机和电池等热源部件，随着使用时间的增长，这种热辐射现象会更加明显，为红外探测提供了识别和跟踪目标的机会。红外探测技术是通过捕捉无人机与背景之间的红外辐射差异来监测目标的，具体步骤包括获取目标及其背景的图像，并通过一系列图像处理技术来对目标进行检测、识别和跟踪。红外图像处理的主要内容包括减少噪声和抑制背景影响，传统的处理方法如检测前跟踪（TBD）和跟踪前检测（DBT）算法，结合粒子滤波可以提高其应用范围。目前，红外探测的研究主要集中在传统目标检测方法和基于深度学习的新型处理技术两个方向。由于红外探测容易受到其他热源和阳光的干扰，它更适合在夜间使用。当无人机距离较远时，其在探测图像中占据的像素较少，很难将其与噪声点区分开，这在实际检测中造成了难以平衡漏检率和虚警率的难题。此外，与可见光探测设备相比，红外探测设备的成本较高，这在一定程度上限制了其应用范围。

一、光电探测技术的优势

光电探测获取目标信息较雷达图像更为丰富，这类设备的成本较为低廉，技术相对成熟，因此在众多领域得到了广泛应用。在良好的光照环境下，利用可见光进行探测能够在近距离内提供高精度的跟踪效果，目标的方位信息可以达到角秒级的精度。此外，这种探测方式能够直观地呈现和跟踪目标，便于用户进行观测。

二、光电探测技术的不足

光电技术本身不支持直接测量目标距离，必须配合激光测距仪等设备才能获得距离信息。此外，光电探测受气候和环境条件的影响较大，其探测距离通常不及雷达，因此很难独立应用。光电探测技术通常被用作雷达、无线电监测等其他技术的辅助工具，以便发挥各种技术的特长，实现互补[1]。

---

〔1〕 王双宇，彤鑫，肖东升，等.“低慢小”无人机反制技术发展现状与趋势［C］. 中国指挥与控制学会，2022.

三、光电探测设备示例

图 3 – 12 所示为光电探测设备集成红外热像仪和彩色摄像机，具有白昼和夜间两种工作模式，白昼模式采用可见光镜头成像，夜间模式采用热像仪成像，可实现远距离昼夜连续观测，全天候工作；高精度转台，抗风等级高，定位精度高，操控平稳，响应速度快，实现了全方位无盲角监控；整机加固设计，远距离可见光配合告警热像双波段摄像机一体结构，外壳采用高强度铝合金和不锈钢材料，外观精致、结构紧凑、质地牢固，具备抵御强风、适应极端温度变化、抵抗腐蚀和防水、防酸雾的能力。适用于各种夜间、复杂环境、长距离、广泛区域以及需要隐蔽性实时监控的应用场景。

图 3 – 12　光电探测设备

第五节　声波探测技术

无人机飞行时，其动力系统和螺旋桨产生的声波能够被声音传感器捕捉到，这些声波的波动可以转换成电信号。无人机的螺旋桨具有特定的嗡嗡声，这相当于一种声学签名，由螺旋桨的数量和旋转速度等因素决定，通常声波频率分布在 0.3 ~ 20 kHz，而声波的强度则与叶片旋转的速度成正比。

类似于无线电波探测技术，声波探测也需要建立一个无人机声音特征的数据库。在探测过程中，通过收集、分析和处理麦克风接收到的无人机噪声，将这些声波特征与数据库中的数据进行对比，以此来识别无人机的品牌和型号。麦克风是主要的探测工具，它被动地接收空中传播的声波信号，这使得它不易被无人机察觉。此外，这种设备轻便、操作简便、维护方便，且成本较低，具有较高的性价比。然而，声波在传播过程中会受到空气介质黏度和分子衰减的影响，导致远距离时信号弱化，且只适用于低噪声的环境。当前，声学技术的研究主要集中在麦克风阵列探测系统、声源定位技术和声音特征提取与分类识别技术这三个领域[1]。

〔1〕 李林莉，程旗，张荔，等. 反无人机技术研究现状综述 [J]. 飞航导弹，2021.

第四章　无人机反制技术

在发现非法无人驾驶航空器后，应针对不同的环境和目标，选择适当的无人机对策技术。

在对无人机进行反制的过程中，研究人员和工程师们开发了一系列对策技术，这些技术可分为以下几个类别。

（1）信号干扰阻断技术：通过发射强大的干扰信号，对无人机信号进行压制，从而影响无人机的通信、控制和动力系统。这种方法可能会导致无人机失控或与操控者失去联系，进而削弱其执行任务的能力。

（2）信号欺骗控制技术：利用全球定位系统（GPS）定位诱骗、无线电信号劫持或黑客技术等手段，夺取无人机的控制权。这种方法需要精确的信号处理和控制技术，以及对无人机控制系统的深入理解。

（3）直接摧毁技术：使用高射机枪、防空导弹等常规武器，或者基于激光、微波技术的新型武器，以及搏斗型无人机等，直接攻击和破坏目标无人机。这种方法具有快速、直接和有效的特点，但可能需要较高的成本和技术要求。

（4）拦截捕获技术：训练大型鸟类如鹰捕捉无人机，或者使用无人机携带捕捉网以及从地面发射捕捉网等方式拦截并捕捉无人机。这种方法相对温和，不会对无人机造成直接的破坏，但可能需要一定的训练和技术支持。

这些对策技术各有优缺点，实际应用中通常需要根据具体情况选择合适的技术进行组合，以达到最佳的无人机反制效果。《民用无人驾驶航空器无线电管理暂行办法》规定："任何单位或者个人未经批准，不得擅自研制、生产、销售、进口、设置、使用无人机无线电反制设备。无人机无线电反制设备管理办法，由工业和信息化部会同有关部门另行制定。"依据《无人驾驶航空器飞行管理暂行条例》，军队、警察以及按照国家反恐怖主义工作领导机构有关规定，由公安机关授权的高风险反恐怖重点目标管理单位，可以依法配备无人驾驶航空器反制设备，在公安机关或者有关军事机关的指导监督下从严控制设置和使用。无人驾驶航空器反制设备配备、设置、使用以及授权管理办法，由工业和信息化部、公安部、国家安全部、市场监督管理部门会同国务院有关部门、有关军事机关制定。任何单位或者个人不得非法拥有、使用无人驾驶航空器反制设备。

第一节　信号干扰阻断技术

　　无人机在遭受特定频率无线电干扰时，将激活其自我保护机制，可能降落、悬停或在起飞点重新集结。干扰技术的核心原理是向无人机发射高功率的无线电信号，以此干扰其定位和遥控信号。这种方法可以切断无人机与遥控器和卫星之间的通信链路，导致其导航和飞行控制设备失效，进而实现驱离或摧毁无人机的目的。

　　由于空间电磁环境的复杂性和多径效应的存在，无人机能够适应射频干扰，减轻数据链路受到的影响。但是，一旦无线电干扰超过一定强度，无人机与操作者之间的通信链路就会中断。在这种情况下，无人机将从GPS飞行模式转为姿态控制模式，将停止执行地面控制站的飞行指令并自动返航。信号干扰技术主要分为控制信号干扰和定位信号干扰两大类[1]。

　　反制无人机的干扰设备，如便携式干扰发射器、云台式干扰装置等，能够向无人机发送高强度的无线电波，专门针对其定位和遥控频段进行干扰，从而阻止其正常运行。这些设备能够覆盖常见的遥控通信频段（如915 MHz、2.4 GHz、5.8 GHz），以及定位信号频段（如GPS、北斗等）。这种全频段干扰能够有效地克服无人机采用的抗干扰技术，如自适应跳频和扩频。

　　信号干扰是一种基本的无人机反制方法，适用于需要快速、灵活应对的场合。安保人员可以在特定活动区域内携带便携式干扰设备，迅速进行

---

　　〔1〕 程攀，伍瀚宇，吉鹏，等. 民用无人机反制技术及应用场景分析［J］. 电讯技术，2022.

无人机干扰和驱离。然而，这种方法可能导致那些没有抗干扰措施或抗干扰措施不足的无人机失控和坠毁，这可能会对地面安全构成威胁[1]。

一、控制信号干扰

无人机的飞行任务执行依赖飞行控制系统的指令。一旦无人机的遥控、数据传输和图像传输信号被切断，无人机会自动启动自我保护程序，可能采取降落、悬停或返回出发点等行动。无人机也会采用自适应跳频和扩频等技术来增强抗干扰能力。这对反制设备的实时处理能力提出了较高要求，需要使用能够处理较宽频带的干扰设备，以适应无人机跳频通信的范围。

根据目标和覆盖范围的差异，干扰技术可以分为全向干扰、定向干扰、宽带干扰、窄带干扰等多种类型。与其他无人机反制技术相比，信号干扰技术具有简捷、高效、风险小等优势，但在城市地域内，由于人员和车辆安全等因素，应尽量在一定的安全区域内对无人机实施信号干扰，以避免受干扰的无人机失控坠落造成二次伤害。此外，长期运用无线电波干扰技术可能会对周围电子设备的运行产生不利影响，并且有对无线电频谱造成污染的潜在风险，因此需要特别注意大功率干扰设备对广播电台、通信基站等民用信号的影响。此外，这种方法的辐射可能对人体健康造成不利影响，因此难以持续发射。

在实施无人机反制战术时，往往采用一种更为策略性的控制信号干扰技术。这种技术并不要求对无人机的精确跟踪，而是对其大致方向发起干扰。这种策略的巧妙之处在于，它能够有效地阻断无人机与其操控者之间的通信链路，从而导致无人机的失控或操作中断，这种技术通过发射足以压制无人机接收控制信号的信号，从而在不损害无人机的前提下迫使其降落或离开。但是，这种反制方法需要对无人机进行持续压制，且当无人机在丢失信号后悬停或返航时，可能无法有效地进行控制。相较之下，采用追踪干扰方法可以在一定程度上减少对其他设备的影响，但该方法要求快速探测、截获和分析信号，这增加了技术复杂性和成本。

干扰技术可以针对特定方向或进行全面覆盖，以有效应对作用范围内

---

〔1〕　黄璇，沈鸿平，彭琦. 低慢小无人机监测与反制技术对比分析［J］. 飞航导弹，2020.

多架无人机,并具备对无人机群集进行打击的能力。

图4-1为无线电转台式定向干扰设备,其通过发射无线电信号,在特定区域形成电磁信号屏蔽,切断无人机的控制链路、图传链路和导航链路,使无人机无法进入管控区域或者使其迫降、返航。该设备能单独或同时发射 400 MHz、800 MHz、900 MHz、1.2 GHz、1.4 GHz、1.5 GHz、2.4 GHz、5.1 GHz、5.4 GHz、5.8 GHz、5.9 GHz 频段的干扰信号,对大疆御 2 等典型机型的干扰距离超过 4 km,干扰响应时间小于 5 s。此类设备常用于体育馆、营区、油气库、监狱、政府机关所在地等重点区域,也可用于大型活动保障,防止无人机入侵。

图4-1　无线电转台式定向干扰设备

二、定位信号干扰

卫星信号对于无人机的导航和定位至关重要。通过在相应频段实施全频带阻塞干扰,能够切断无人机与卫星的通信链路。一旦无人机失去定位信号,其导航能力将受到影响,飞控系统也可能失效。尽管这种干扰方法操作简便,但它可能会对周边设备的导航功能产生干扰,并有可能引发无人机失控或坠毁等安全风险[1]。

全球导航卫星系统通常采用直接序列扩频技术进行通信,这种技术提

〔1〕 李林莉,程旗,张荔,等. 反无人机技术研究现状综述［J］. 飞航导弹,2021.

供了固定的载波频率、较低的发射功率，并且具备一定的抗干扰能力。目前存在三种干扰方式：瞄准式干扰、阻塞干扰和相关干扰。

在反无人机技术领域，干扰技术是关键的战略手段，其核心在于破坏或阻断无人机的导航和通信系统。定向干扰技术，如雷达波束赋形，旨在精确瞄准特定卫星信号的载频，并针对独特的码型进行针对性干扰。这种方法类似于狙击手精准打击目标，须高度精确。

相比之下，阻塞干扰技术采取的是"地毯式轰炸"策略。这种技术不会针对特定的信号，而是对干扰区域内所有的 GPS 信号 C/A 码进行干扰。干扰技术包括单频干扰和宽带均匀频谱干扰，后者如同海浪一波接一波，持续不断地对信号进行冲击。

相关干扰技术则利用了高相关性的伪码序列，这些序列经精心编排并通过复杂的数学运算生成，用以迷惑和干扰无人机的信号。具体方法包括基于卷积码的数据链脉冲干扰，基于级联码的数据链脉冲干扰，以及同步序列的精确干扰，这类技术如同一首精妙的乐曲，每一个音符都经过精心计算，以达到最大的干扰效果[1]。

在实践中，单一的干扰定位信号往往不足以实现彻底的反制效果，因此，综合干扰策略通常会同时针对无人机的数传和图传信号进行干扰。这种多管齐下的方法，如同在多个战场同时发动攻击，能够有效提高反制无人机的成功率。

在执行无人机反制任务时，关键在于切断其与操作者之间的数据传输链路，以及其依赖的全球导航卫星信号。这种双重打击会导致无人机失去与地面的通信和导航能力，使其自动返航，或保持悬停状态。

然而，对全球导航卫星信号的干扰可能会产生广泛的副作用，影响范围内所有依赖这些信号的电子设备。这种影响类似于一场突如其来的风暴，波及无辜的船只，导致它们在茫无边际的电子海洋中迷失方向[2]。此外，如果失去控制的无人机在空中悬停过长时间，就可能成为空中安全隐患，如同一颗未爆炸的弹药，随时可能引发不可预测的后果。

---

〔1〕 昝霖. "低慢小"飞行器管理困境及管控工作构想 [J]. 云南警官学院学报，2017，(04)：73-76.

〔2〕 程擎，伍瀚宇，吉鹏，等. 一种民用无人机反制系统评估方法 [J]. 电讯技术，2022，62（09）：1231-1239.

图4-2所示的便携式无人机反制盾，针对全球卫星定位系统，以定向的方式发射无线电干扰信号，远距离切断无人机和遥控器之间的信号通信。设备可以针对常用的GNSS卫星导航信号进行干扰屏蔽（包括GPS、BDS、GLONASS、GALILEO）；同时还可以对无人机常用频段进行干扰屏蔽，使无人机的遥控、图传、导航信号中断，达到使其迫降、返航或悬停的目的，保障区域内的低空安全。对以大疆御2为代表的典型机型干扰距离可达4 km，拦截反应时间小于5 s，工作频率覆盖800 MHz、900 MHz、1.2 GHz、1.4 GHz、1.5 GHz、2.4 GHz、5.1 GHz、5.4 GHz、5.8 GHz等主流通信频段。

图4-2 便携式无人机反制盾

三、声波干扰

为了确保无人机在空中的稳定性和精确控制，其搭载了高精度的陀螺仪传感器，这些传感器能够检测无人机的微小转动和倾斜，实时捕捉其方向和姿态的细微变化。利用这些实时数据，无人机的核心飞行控制系统能够精确调整推进器和翼面的动作，以保持其平衡和飞行路径。

在无人机控制系统中，陀螺仪扮演着至关重要的角色，其准确性直接影响到无人机的飞行性能和操作安全性。就像人体的平衡依赖于内耳中的感受器，无人机的飞行同样依赖于陀螺仪的精确运行。

声波干扰技术正是针对这一薄弱环节而设计。该技术通过发射一系列精心设计的声波，其频率与无人机陀螺仪的固有共振频率相匹配。当这些声波到达无人机时，会引起陀螺仪的共振，从而导致其读数失真或完全失效。这就像是在乐谱中找到一个特定的音符，并通过放大这个音符来干扰整个乐队的演奏，最终导致整个系统的混乱。

因此，声波干扰技术能够有效地破坏无人机的平衡和控制，从而达到迫使无人机失去飞行能力的目的。这种技术的应用，不仅展现了对抗无人机技术的创新，也凸显了在现代战争中保证电子设备正常运行的重要性。声波干扰技术的缺点是难以精确瞄准和跟踪无人机目标，通常需要与雷达技术配合使用，这增加了成本，因而该方法目前并未广泛应用。

第二节　信号欺骗控制技术

无人机信号干扰技术主要指破解敌方无人机的数据通信链路，通过发送经过精心设计的伪信号来误导目标无人机，导致其接收错误指令。

这种干扰技术主要分为两种策略：首先，生成伪造的卫星导航信号，以此来误导无人机的起飞、返航点或飞行路径，使其无法正常起飞或者离开敏感区域；其次，则是截取无人机的遥控信号，进而接管无人机控制权，引导其离开关键区域或者安全降落。相较于其他的反制方法，这种控制策略较为安全，不会导致无人机严重损坏或者坠毁。但是，实施信号截取的技术要求较高，成本也相对较高，发送伪造卫星导航信号可能会对周边环境造成一定影响[1]。

一、控制信号欺骗

目前，大多数无人机操作依赖 2.4 GHz 和 5.8 GHz 这些常见的民用频段来进行控制。对这些控制信号的干扰主要是通过技术手段来检测并解析目标无人机的通信链路，进而识破其使用协议。然而，这种方法的有效性高度依赖于无人机通信链路的技术细节和加密方式的公开性。如果这些信息不为外界所知，那么实施这种干扰技术将面临极大的挑战和巨大的工作量。

---

〔1〕　黄璇，沈鸿平，彭琦. 低慢小无人机监测与反制技术对比分析〔J〕. 飞航导弹，2020.

无线电信号干扰技术在实施时对发射功率的要求并不高，且在干扰过程中不会对其他设备的正常运行造成影响。此外，这种技术还能够根据需要设定特定的干扰对象，即黑白名单。然而，由于市场上的无人机种类繁多，且更新换代迅速，使得破解无人机的难度日益增加。为了保证干扰技术的有效性，需要不断更新无人机频谱特征适配库和通信协议，以便覆盖新型无人机[1]。这一过程需要付出较高的代价。

图4-3所示为车载式无人机防御系统，该系统可以在载车行进和进入临时现场时，采用无线电无源探测技术迅速发现向载车所属车队四周接近的无人机，并通过破坏其GNSS或者通信链路而实施驱离，使其迫降或返航，以保障载车所属车队的安全。该系统能够在车速140 km/h的条件下对不小于4 km以外的目标展开探测和打击，探测范围360°，最低探测高度0 m，链路压制有效拦截距离不小于1000 m，打击时延不大于3.0 s，导航诱骗有效距离达到900 m，驱离时延不大于10.0 s，驱离架次不小于6架。

图4-3 车载式无人机防御系统

〔1〕 张静，张科，王靖宇，等. 低空反无人机技术现状与发展趋势［J］. 航空工程进展，2018，9（01）：1-8，34.

二、定位信号欺骗

导航信号的仿造技术主要针对无人机的导航系统，利用的是 GNSS 导航信号的有限发射功率和远距离覆盖特性。由于单个设备接收到的信号强度较弱，大约为 −130 dBm，通常需要使用增益在 3～6 dB 的无源天线来接收。

这种仿造技术主要有两种方法：第一种是针对具有地理围栏功能的无人机，通过发送虚假的定位信息，使其误认为自己处于禁飞区，进而执行降落程序；第二种是利用诱导技术，包括重新发送经过时延和放大处理的原始 GPS 信号，以产生虚假的伪距信号[1]。

在某些特定的场合，如军事演习、大型活动或者敏感区域，为了确保安全和保密，常常需要设立禁飞区。而在这些情况下，信号仿造技术可以被用来模拟全球定位系统（GPS）或其他导航信号，以引导无人机或其他飞行器进入或保持在指定的区域内。与控制信号仿造技术相比，导航信号仿造技术由于卫星导航信号的频点和格式是固定且公开的，因此技术要求相对较低。

三、黑客技术

黑客技术，简而言之，就是利用计算机知识和编程技能来操纵和控制计算机系统的能力。这就像是有的人精通锁匠技艺，能够打开各种锁具；黑客则是精通计算机系统的"锁匠"，他们能够通过各种手段进入和控制计算机系统[2]。

黑客技术包括但不限于以下方面。

（1）漏洞利用：黑客会寻找计算机系统的安全漏洞，就像找到了一把锁的弱点，然后利用这些漏洞来获取系统的控制权。

（2）密码破解：通过各种方法猜测或破解别人的密码，就像是用各种方法尝试打开锁一样。

（3）网络攻击：通过网络攻击手段，比如，发送大量数据包，让目标

〔1〕 夏朋. 针对民用小型无人机的干扰与反制技术研究［D］. 成都：电子科技大学，2018.

〔2〕 论我国刑事诉讼中无人机侦查取证［J］. 政法学刊，2022，39（03）：35 −43.

计算机或网络服务无法正常工作，这就像是将锁堵死，阻止其他人使用。

（4）间谍软件：这是一种可以在目标计算机上秘密安装的软件，用于收集信息或控制计算机，就像是在锁上安装了一个摄像头，观察锁的主人。

（5）社交工程：通过欺骗或诱导的方式，让目标提供密码或其他敏感信息，这就像是通过说服主人的家人或朋友，获取钥匙。

第三节　直接摧毁技术

直接摧毁技术涉及使用高射机枪、防空导弹等传统武器，以及使用激光、微波等新型武器来攻击目标无人机。

直接摧毁技术需要对目标无人机进行高精度的实时追踪和瞄准，通常应用于军事领域。在无人机可能对防御区域造成严重威胁时，可以通过各种武器直接击毁无人机。这种方法可能导致无人机在空中发生不可控的爆炸或坠落，因此在民用无人机反制中的应用受到限制。

一、激光武器

经过多年的发展，西方国家研制的战术激光武器中，已出现以化学激光器为辐射源的机载、车载和舰载的激光武器系统，主要用于应对战术导弹、近空地导弹、武装直升机以及无人机等攻击性武器[1]。

（一）激光武器概念及分类

激光武器是一种利用高能激光束对目标造成热损伤、机械破坏或辐射损伤的定向能武器。这种武器系统可以根据激光的产生方式和使用范围进行多种分类。例如，根据激光产生的介质，可以将激光武器分为化学激光器、固体激光器和光纤激光器等类型。而根据作战距离的不同，又可以将其分为适用于近距离战术作战的和用于远距离战略作战的两类[2]。

---

〔1〕　王双宇，彤鑫，肖东升，等. "低慢小" 无人机反制技术发展现状与趋势 ［C］. 中国指挥与控制学会，2022.

〔2〕　李振华. 激光武器在无人机反制中的发展趋势 ［J］. 武警学院学报，2021.

（二）激光武器的工作原理及系统组成

激光发射到目标上主要有两个参数，即功率密度与光斑直径，可用公式4-1表示：

$$P_0 = 0.21 \left[\tau_0 \left(\frac{D}{d} \right)^2 \tau'_0 \left(\frac{D_0}{n\lambda} \right)^2 E \right] \tau_a \frac{1}{L^2} \qquad (4-1)$$

在激光武器的性能参数中，功率密度 P_0 是指目标表面单位面积上接收到的激光能量，它是激光武器效能的关键指标之一。光斑直径 d 是指激光在目标表面形成的能量分布区域的直径，通常垂直于激光束的轴线。激光光学发射系统的望远镜口径 D_0 是影响激光束聚散能力的重要因素。光学接收系统的总透射率 τ_0 和激光光学系统的总透射率 τ'_0 分别表示激光在传输过程中的透射效率。

大气平均透射率 τ_a 受到大气成分、气象条件以及激光波长的影响，它随目标距离和仰角的变化而变化。激光束的衍射极限倍数 n 反映了激光束质量的好坏，它与激光波长 λ 有关。激光功率 E 是激光武器能够传递给目标的总能量，而目标距离 L 则是激光从发射源到目标的位置。

为了在目标上形成破坏效应，激光功率密度 P_0 必须达到或超过目标的破坏阈值 P_{th}。P_0 超过 P_{th} 越多，目标受损的程度就越大。光斑直径 d 的大小直接影响到瞄准和跟踪的难易程度。如果需要同时提高 P_0 和 P_{th}，则需要增加激光束的功率 E。在保证功率密度不低于 P_{th} 的情况下，可以通过减小波长、提升光束质量和扩大主镜直径等手段来增强功率。

激光武器的系统组成见图4-4。

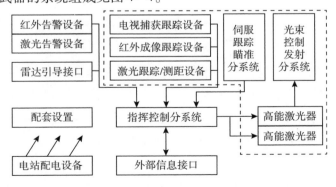

图4-4　激光武器的系统组成示意图

（三）激光武器的优点

激光武器具有高速度和高精度的特点，其攻击速度可达到 3×10^6 km/s，从发射到击中目标所需的时间非常短。在实际应用中，激光武器通常用于打击距离在 10 千米以内的无人机目标。

激光武器系统因其高效率和低成本而备受关注。在实际应用中，每次激光射击仅需消耗微小的电能，发射成本低廉。这种作战效费比的优势使得激光武器在理论上具备了广泛推广的经济基础。

（四）激光武器的缺点

激光武器的性能受到气象条件，如雾、雪、雨和霾的显著影响。大气中的颗粒物和湍流会增加激光能量的散失，从而增加了激光武器光学元件损伤的风险[1]。

此外，湿润的环境可能会对光学元件的膜层造成不利影响，导致膜层分离，从而损害光学元件的性能。由于激光武器系统需要高能量的输入才能发挥其强大的作战能力，因此在储能设备的便携性问题得到有效解决之前，激光武器的大规模应用可能会面临一定的挑战。在城市等复杂环境中使用激光武器时，还需要考虑到被击落的无人机可能带来的附带损害等问题，包括无人机坠毁可能对无辜平民和建筑物造成的伤害，以及无人机的残骸可能引发的火灾等[2]。

因此，在使用激光武器时，需要综合考虑各种因素，以确保既能有效地保护国家安全，又能最大限度地减少对无辜平民和财产的损害。这就像是在一场棋局中，我们需要在保护自己的同时，巧妙地击败对手，且不给对方留下任何可乘之机。

（五）结合实战应用场景

激光武器的部署应根据具体的使用环境进行调整，以确保其在不同场景下的有效性。例如，在野外或战场环境中，可以选择固定式或车载式的激光武器系统。野外环境下通常不会涉及无人机坠落造成的二次伤害问题，而在战争环境下，激光武器对人体的伤害风险则不是必须考虑的因

---

〔1〕 彭浩然. 区块链赋能无人机安全监管研究［D］. 北京：中国人民公安大学，2022.

〔2〕 卢洪涛，陈玥. 基于无人机技术的 5G 基站巡检方案［J］. 广东通信技术，2018，38（04）：2 - 5.

素。然而，在城市环境中，由于人口密集和建筑密集，对于激光武器是否应该用于实战安保活动，看法仍存在分歧。

近年来，通过多次研讨会和座谈会，专家们从不同角度对激光武器的问题进行了深入探讨，特别是对其高功率、易伤人以及可能造成的无人机坠落二次伤害等问题。尽管如此，随着激光技术的进步和应对无人机威胁的紧迫性，激光武器已经在一些重要的安保活动中作为无人机反制系统的一部分展现出了其潜力，并引起了广泛的关注和讨论。

中国已经研发出了"天网"系统，以及"低空卫士"系统，前者通过网式捕捉目标，后者发射高功率激光束击毁目标，这两种系统都具有高捕捉成功率、快速响应的特点，并且减少了附带损伤。在大型活动安保工作中，尤其是在城市环境中，除了考虑激光武器的位置、发射功率和电源设备等因素外，还需要重点考虑其隐蔽性，以确保不会给民众生活带来不必要的紧张氛围。激光武器应被视为最后的手段，只有在其他所有手段都无法有效应对时才使用。

激光武器系统应被定位为终极防御手段，其动用应严格限于其他所有常规手段无法有效应对的紧急情况下，力求最大限度地减少对人员的潜在伤害和无人机坠毁可能引发的次生灾害。这一防御体系的建设类似于编织一张大网，既要紧密又要灵活，能够有效地应对各种复杂情况下的安全挑战。在这个过程中，高科技装备的引入，如先进的传感器、数据分析和通信技术，将为传统处置手段提供强有力的支持，使得整个防御网络更加紧密、高效[1]。

二、微波武器

在作战应用方面，高功率微波武器具有以下显著特性：它能够在短时间内对广泛区域内的多个目标实施打击，同时对瞄准系统的精确度要求不高；其攻击效果迅速，仅需数微秒即可对目标造成永久性损害；对气象条件的依赖度低，能在各种天气条件下使用[2]。

---

〔1〕 李振华. 激光武器在无人机反制中的发展趋势 [J]. 武警学院学报, 2021.

〔2〕 张颜颜, 陈宏, 鄢振麟, 等. 高功率微波反无人机技术 [J]. 电子信息对抗技术, 2020.

（一）高功率微波武器概念及分类

高功率微波武器系统主要由高能脉冲调制器、大功率微波源、辐射天线、系统控制单元等部分组成，如图4-5所示。

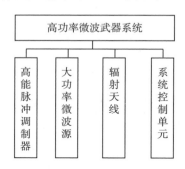

图4-5　高功率微波武器系统组成框图

目前国内外高功率微波主要有单管高功率微波和微波阵列合成两种实现途径。

1. 单管高功率微波

高功率微波单管技术的实现，依赖于单个微波管件的卓越性能，以实现高达吉瓦量级的输出功率。这种技术通过结合高增益定向天线来达到较高的等效辐射功率。然而，这种技术也存在一些挑战，例如，需要确保高压脉冲驱动源的稳定性，以及考虑辐射天线的功率承载能力等问题。

在选择单管高功率微波源时，可以考虑多种类型的器件。每种微波源都有其独特的优势和局限性，因此需要根据具体的系统应用需求来挑选合适的微波源。

2. 微波阵列合成

微波阵列合成技术，运用小功率或中高功率的器件，通过有方向性的天线进行功率合成，涵盖了中高功率微波阵列合成技术和固态化阵列合成技术等。中高功率微波阵列合成技术采用中高功率的微波管和中高增益的定向天线作为辐射单元，实施小规模阵列化的空间功率合成。这种技术的优势在于，能够产生较高的微波辐射功率、较高的脉冲重复频率和较宽的脉冲宽度，且可以根据需求调整阵列的大小，既适用于大规模的要地防御，也适用于小规模的近程打击，具有很强的灵活性。然而，其缺点是在实现较高功率合成和大规模要地防御时，系统的功耗和设备的数量都会增加，导致其体积和重量可能不适合应用于中小型的机动平台。

固态化是高功率微波技术发展的一个关键方向，它通过将大量小功率的固态器件（如光导开关、非线性传输线和固态功放等）与低增益定向天线结合，进行大规模阵列化的空间功率合成。这种技术的优势在于，通过增加阵列的规模，可以获得更高的辐射功率，并且可以灵活地扫描和控制辐射波束。不过，其缺点是，为了达到相同的辐射功率指标，成本会大幅增加，而且目前的技术成熟度与实战化应用还有一定的距离。

根据先前的理论分析，为了对无人机的 GPS 系统造成破坏，所需的高功率微波源必须达到吉瓦量级。然而，目前在技术上实现这一级别的微波功率输出，无论是在单个器件的寿命、稳定性方面，还是在系统的可移动性、使用寿命和稳定性能方面，都存在诸多挑战。在战场的实际应用中，理想的武器系统应当具备高度的移动性、长久的使用寿命以及高水平的稳定性[1]。

研究中提出了一种高功率微波系统的设计方案，通过相干功率合成技术来获取所需的等效微波辐射功率。这种方法通过功率合成，可以将单个器件的功率级别降低到兆瓦至数十兆瓦的范围，从而显著减少了高功率微波器件的开发难度。假设高功率微波系统中有 n 个合成单元，根据相干功率合成的原理，总的辐射功率与合成单元的数量成正比：

$$ERP = \eta_p \, n^2 P_t \qquad (4-2)$$

式中：ERP 是合成的总功率，η_P 是相干合成效率，P_t 为阵列单元发射功率。

根据图 4-6（b）的数据，当目标距离为 3 km 时，为了对无人机造成破坏，在 $G_r = -10$ dB 的条件下，需要的等效辐射功率为 1000 GW。在不同数量的单元配置下，单个微波源的需求功率以及微波系统的总输出功率分别如图 4-7 所示。

〔1〕 周凯. GPS 延迟映射接收机方案设计［D］. 北京：中国科学院研究生院（电子学研究所），2007.

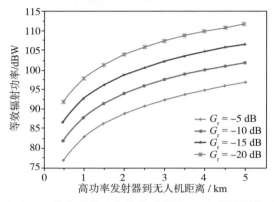

（a）GPS接收系统生产扰乱时所需ERP与距离的关系

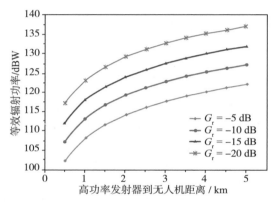

（b）GPS产生损伤时所需ERP与距离的关系

图4-6　高功率微波产生效果与距离关系曲线

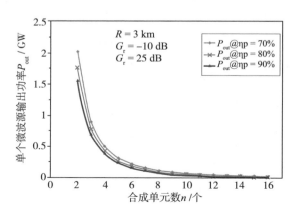

图4-7　单个高功率器件及发射系统与所需单元个数的关系

观察图4－7可发现，随着单元数量的增加，单个微波源的功率需求逐渐降低。

在探讨微波辐射系统的功率配置时，随着辐射单元阵列的扩展，每个单元所依赖的微波源的功率输出呈现稳步下降的趋势。具体而言，当辐射单元的数量增长到3个时，单个微波源的功率已经减少至1 GW以下。伴随着单元数量的进一步增加，当系统扩展到4个单元时，单个微波源的功率需求大致下降至500 MW的水平。这一阶段，功率的分配开始显示出更为显著的分担效果。随着研究的深入，当辐射单元的数量增加至9个时，单个微波源的功率级别进一步下降至大约80 MW。这一发现揭示了在辐射源设计中，随着单元数量的增加，每个单元对微波源的依赖程度显著降低的规律。最终，在增加到16个单元时，单个微波源的功率级别继续减少，大约降至25 MW的水平。

（二）高功率微波武器的工作原理及系统组成

微波辐射对电子设备构成的安全威胁主要可归结为两条路径：首先，通过设备的射频接口端口侵入，这一途径被形象地称为"前门"入侵；其次，通过设备外壳的微小缝隙、电缆连接点等路径进行耦合传递，这一路径则被称作"后门"渗透。

这种威胁的两种主要方式都可能对电子系统的稳定性和安全性造成严重影响。因此，在设计和维护电子系统时，必须考虑微波辐射的影响，并采取适当的防护措施。在无人机的战斗应用中，以美国军队的无人机为例，GPS定位模块是关键的接收外部信号的部分。GPS接收模块对信号的灵敏度很高。当微波功率超过40分贝毫瓦（dBm）的阈值时，电子设备，尤其是全球定位系统（GPS）的完整性可能会受到破坏。在此基础上重点探讨高强度微波辐射对无人机GPS信号接收单元的潜在干扰效应及损害机制。利用公式4－3，可以在确定的有效攻击距离内计算出所需的等效辐射功率 ERP，以实现对无人机系统的干扰、混乱甚至破坏。

$$ERP = \frac{4\pi R^2}{G_r A_r} P_j \tag{4－3}$$

在此研究中，我们关注高功率微波系统对无人机GPS系统的干扰和破坏效果。关键参数包括攻击距离 R、接收端损伤阈值 P_j、无人机GPS接收天线在高功率微波辐射方向的增益 G_r 以及接收天线面积 A_r。利用公式

4-3，能够分析不同条件下，无人机 GPS 系统受到微波干扰或损害的阈值条件，以及不同距离下，所需的高功率微波辐射功率与干扰效果之间的关系，并将其展示在图 4-8 中。此外，根据公式 4-4，可以推导出高功率微波源的输出功率，其中 G_t 是高功率微波发射系统的天线增益。

$$P_{\text{out}} = \frac{ERP}{G_t} \tag{4-4}$$

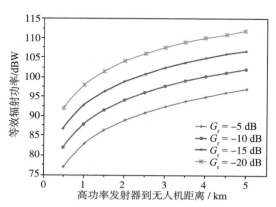

（a）GPS 接收系统生产扰乱时所需 *ERP* 与距离的关系

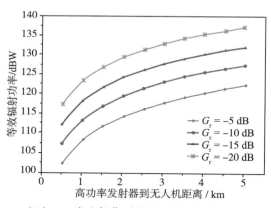

（b）GPS 产生损伤时所需 *ERP* 与距离的关系

图 4-8　高功率微波产生效果与距离关系曲线

图 4-9 展示了在探讨高功率微波发射系统的效能时，天线的增益所扮演的角色，旨在分析不同天线增益配置下，微波发射源的功率输出与发射距离的依赖关系。根据实验结果表明，即便在保持恒定的作用距离的前提下，增加天线的增益能够显著减少微波发射源所需的功率。

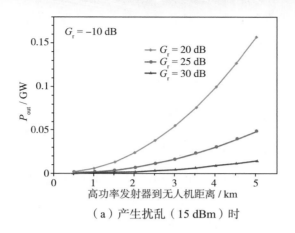

（a）产生扰乱（15 dBm）时

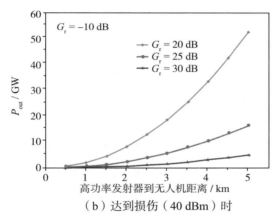

（b）达到损伤（40 dBm）时

图 4 - 9 在不同发射天线增益情况下，高功率微波源功率与发射距离的关系

（三）高功率微波武器的优点

高功率微波武器对无人机的作战效果包括：能够在短暂的时间内对无人机进行干扰和破坏，导致其失去正常功能，进而可能失控并坠毁；通过波束扫描技术，实现对空域的全面覆盖，从而对多个来袭无人机群体实施打击；采用分布式的协同攻击策略，联合多个攻击点对目标进行攻击，从而提高对目标的破坏效果。

相比于激光武器，微波武器频谱范围广、毁伤范围大，不必像激光武器使用时那般要求精准对向目标，火力控制较为方便，且能够形成一定杀伤面，适合对抗集群式无人机。此外，微波武器还可对无人机通信链路造成破坏，使其机载数据难以有效传输与处理，丧失执行任务的能力。

三、常规武器

常规武器是指利用高射炮、防空导弹等传统防空火力，以及格斗型无人机等新型武器对无人机进行物理拦截。防空火力打击的优点是技术成熟度高，不足是拦截命中率低，打击效费比低，且易造成附带毁伤，无人机残骸易对地面造成次生安全危害。

特殊设计的无人机可以通过多种方式进行无人机对抗。然而，如果无法及时有效地进行反制，可能会错失处理入侵无人机的机会。即便成功反制，也可能会难以重新控制目标无人机。

第四节　拦截捕获技术

常见的反无人机捕捉策略包括网状捕捉和鸟类捕捉两种方法。这些方法旨在从空中或地面上捕捉无人机，并将其转移到特定的地点。网状捕捉技术使用网捕枪或专门的无人机捕捉网，通过发射大网或特制的网兜来捕捉无人机。此外，网捕设备还可以配备摄像头，用于在捕捉无人机时进行近距离摄影和证据收集。鸟类捕捉方法是训练鹰等大型鸟类来捕捉并携带无人机到指定地点。运用这些方法时，为了有效地拦截和捕获无人机，需要确保无人机处于视线范围内，这限制了应用的距离；随着无人机避障技术的进步，拦截和捕捉任务的难度也在增加。

一、网捕式

常见的网捕技术使用发射设备射出捕捉网以捕捉无人机，在地面操作中，可以使用便携式网捕枪，由单人携带或安装在车辆上；而在空中，可以将网捕枪和捕捉网安装在旋翼无人机上，一旦锁定目标，便发射网捕捉无人机。但这种方法的有效距离有限。另外，有一种方法是使用大型无人机来捕捉小型无人机，即在大型八旋翼无人机下方悬挂一个巨大的捕捉网，用以捕获小型无人机。然而，这种方法操作复杂，对操作者的技术要求较高。小型无人机在灵活性上更有优势，具有感知和避障能力的无人机能够有效避开捕捉网，捕捉的效率不高，因此这种方法并没有被广泛采用。一种有效的解决方案是同时使用捕捉网和干扰枪，先用干扰枪使无人机失去控制悬停，然后用捕捉网捕获无人机。

（一）捕网发射器

捕网发射器可以是肩扛式的、车载式的，或者安装在无人机上。发射时，弹壳内的特殊网被释放，展开后用以包裹和缠绕无人机的旋转翼。同时，减速伞也会打开，帮助捕获目标。

当无人机的旋转翼或推进器被捕捉网纠缠时，其动力系统会失效。尽管如此，这种缠绕通常不会对无人机的飞行控制系统或其他机载设备造成直接的损害。一旦无人机被网所困，就可能失去升力、失控以及最终坠落，可以以此追踪无人机的操作者。

（二）挂载式捕网

挂载式捕网是通过释放大面积的捕捉网来实现对无人机的捕获。在操作过程中，携带捕捉网的无人机会被引导至目标无人机的旋转翼处，接触后进行缠绕，进行捕获。

利用无人机搭载捕捉装置进行目标捕获任务，具备多次尝试的优势，有较高的容错性，同时能够将目标无人机携带至预定地点。然而，此类作业对操作人员的技能要求极为严苛，这不仅是一项简单的捕捉任务，更是一场技术熟练度和操作技巧的较量。与捕网发射器等反制措施相似，这种方法的有效性亦受多方面因素影响，对于固定翼无人机的效果并不理想。

二、鸟捕式

利用鹰等猛禽的自然捕猎本能，加以训练，它们就能够迅速捕捉无人机。

鸟捕式捕捉无人机的概念最早由芬兰警方与鸟类训练机构合作提出，经过特殊训练的猛禽，如鹰，能够在管理人员的精确指挥下，利用其天生的狩猎本能对远程无人机实施高速打击，损坏其动力装置，进而实现有效捕获。相较于其他捕捉手段，饲养这些猛禽的成本相对低廉，且在执行捕捉任务时无须人工直接干预。然而，这种方法的两个主要局限在于驯化过程的时间长和对驯化人员专业技能的要求高。首先，将鹰驯化至能够执行特定任务的程度需要大量时间，这不仅包括基本的训练，还包括对其进行安全和效果评估的过程。其次，尽管鹰在执行任务时表现出高度的敏捷性和精准性，但它们的行动主要基于条件反射，而不涉及自主意识或决策过程，容易受到突发情况的影响。

鸟捕式方法还有一个局限是，对于蜂群式无人机，鸟捕式方法难以有效应对。

第五节　反制技术比较与分析

各类反制技术在成熟度、应用范围、效果以及成本等方面存在显著差异，表4-1对主要的无人机反制技术进行了对比分析。这些技术的适用性和安全性各不相同，在实际操作中，可以根据需要将多种技术手段相互配合，以达到最佳的反制效果。

表4-1　主要无人机反制技术对比分析

反制类型	管控设备	优点	缺点
干扰阻断类	控制信号干扰	• 成本低，可靠性高 • 作用距离远 • 对目标引导精度要求低	• 无法对付编程飞行目标 • 对周围电磁环境有附带影响
	定位信号干扰	• 成本低，可靠性高 • 作用距离远 • 干扰效率高	• 附带毁伤大，对周围导航终端影响严重 • 无法对付不依赖卫星导航飞行的目标
	声波干扰	• 对目标核心器件进行干扰，目标普适性好 • 对周围环境影响小	• 成本高 • 作用距离近 • 干扰效率低
直接摧毁类	激光武器	• 硬杀伤，目标普适性好 • 适合作为近距离反制手段	• 成本高，系统复杂 • 作用距离近，环境适应性差 • 引导精度要求高，难以对付高速移动目标
	常规武器	• 作用距离远，杀伤能力强 • 适用核心目标防护，能够有效打击中大型目标	• 成本高 • 引导精度要求高，需要预警系统配合 • 无法对付较小型目标
	微波武器	• 摧毁目标核心电子器件，目标普适性好 • 目标杀伤可靠性高	• 成本高 • 作用距离近 • 附带杀伤极大，适用场合受限

续表

反制类型	管控设备	优点	缺点
拦截捕获类	无人机捕捉	• 灵活性好，可对目标持续追踪捕获 • 可捕获并带回目标，便于目标取证	• 操作要求高，无法广泛推广 • 载机本身易带来新的威胁
	捕捉网	• 目标普适性好，可拦截大部分目标 • 目标坠落风险可控，便于目标取证	• 引导精度要求高 • 作用距离近 • 操作要求高，成功率低
	鹰捕捉	• 生物捕捉，灵活性好 • 无附带杀伤，适用于特定场合防护	• 不确定性高，无法广泛推广 • 只能对付微型无人机
欺骗控制类	定位信号诱骗	• 可无损伤捕获无人机，便于目标取证 • 作用距离远 • 目标普适性好，可对付中大型无人机	• 无法对付不依赖卫星导航飞行的目标 • 引导精度要求高 • 对周围其他导航终端有附带影响
	控制信号欺骗	• 可无损伤捕获无人机，便于目标取证 • 可独立取证，不需要外部设备配合	• 目标普适性差，仅适用于已破解的无人机 • 信号破解难度大，代价高，难以大范围推广
	黑客技术	• 可无损伤捕获无人机，便于目标取证 • 隐蔽性好，可劫持控制未升空无人机	• 仅适用 Wi-Fi 控制的无人机 • 门槛高，难以大范围推广

对于临时性的反制场所，如会议场所、广场、体育场等，可以配备便携式的干扰枪、网捕枪（机）等设备，以便快速进行反制操作并获得证据。而在机场、基地、要塞等重要防御区域，可以在全方位、全天候的监测系统支持下，部署云台式干扰器或信号欺骗设备，构建长期性的、一体化的无人机监测与反制体系。

美国巴德学院无人机研究中心的报告显示，干扰阻断类技术是最常用的无人机反制手段，其他对抗技术也各有所长，在无人机反制的过程中往往搭配使用。在报告的具有无人机反制功能的 362 个系统中，259 个系统采用了某种形式的干扰阻断方法，占比超过 71.5%；此外，31 个系统具有信号欺骗能力，18 个系统涉及激光打击，27 个系统使用了捕捉网，8 个系统采取了直接碰撞摧毁的形式。在 362 个系统中，有 147 个采用了单一的技术手段，215 个使用了两种及以上的手段。

第六节　国内外无人机反制装备发展现状

在新兴领域科技创新的强势驱动下，军地双方对于"低慢小"航空器防控领域的需求非常旺盛且迫切，牵引无人机反制产业迅猛发展。近年来举办的"无形截击"系列无人机与反无人机对抗挑战赛、CVPR 反无人机跟踪挑战赛等立足实战、实用、实效的特点，引导企业共同参与相关技术和产品的研发与突破。在军地双方共同努力下，一批优质的反无人机系统亮相阿布扎比国际防务展、珠海航展等多个大型展会，展现出了极高的性能水平。

一、国外无人机反制装备发展现状

根据 2020 年 Markets & Markets 发布的一项战略分析报告，预计在今后五年内，全球无人机对抗技术市场将展现出强劲的增长势头，年复合增长率将达到 32.2%，市场规模有望在 2025 年达到 24 亿美元。自 2012 年起，美国便前瞻性地启动了针对无人机潜在威胁的应对策略制定工作。以美国雷神科技公司（Raytheon Technologies）为首的美国企业，已经投入了大量资本和人力资源，致力于无人机对抗技术的研究与开发，包括开发高功率微波（HPM）武器、移动高能激光系统（HEL）、Coyote UAS（一种装有搜索设备和攻击武器的无人机）以及配备接近引信的毒刺（Stinger）导弹。波音公司（Boeing）也研制出了一种配备高灵敏度传感器的紧凑型激光武器系统（CLWS）。美国空军研究实验室和 Epirus 公司分别开发了战术高功率微波作战响应器（THOR）和名为 Leonidas 的微波武器。

2015 年，为了应对无人机可能带来的恐怖袭击，英国三家公司联合研发的无人机防御系统（AUDS）集成了雷达、红外摄像头和多频无线射频压制器。

英国创新企业开放工程（Open Works Engineering）推出了一系列先进的无人机防御系统，其中包括采用压缩空气为动力发射捕网弹丸的 Sky-

Wall-100，以及能够自动识别和追踪目标的自动化武器系统 SkyWall Auto。这些系统的亮相，标志着无人机防御技术向着更加高效和智能化的方向发展。SkyWall-100 系统利用压缩空气为动力，发射特制的智能捕网弹丸，这种弹丸能够在飞行过程中自主调整方向，实现对无人机的有效捕捉；而 SkyWall Auto 则是一种自动化武器系统，它具备先进的识别和追踪技术，能够自动定位并锁定目标无人机，从而实现无须人工干预的自动化防御。这些系统不仅展示了开放工程在无人机防御技术领域的深厚实力，也预示着无人机防御技术在未来战争和安全管理中的重要地位。随着无人机技术的不断进步，对无人机防御技术的需求也在不断增长，这些先进的防御系统将为无人机的安全管理提供有力支持。

表 4-2 给出了国外具有代表性的反制项目以及作用原理说明。

表 4-2 国外无人机反制项目

国家	研发机构	研发项目	反制类型	说明
美国	Raytheon Technologies	Coyote UAS	特制无人机	配备有喷气式发动机作为动力，反制时从地面发射，由搜索设备跟踪目标，并采用攻击武器摧毁目标
美国	Raytheon Technologies	Stinger Missile	常规武器	实为接近引信改装的毒刺导弹，具有超音速，高敏捷性，高度精确的制导和控制系统，反制时可直接击中或在其附近引爆目标
美国	Boeing	CLWS	激光武器	配备有高分辨率传感器系统识别与瞄准目标，反制时通过发射高功率激光束灼烧毁目标
美国	Epirus	Leonidas	微波武器	采用高度集成封装，具有体积小、启动迅速的特点。反制时发射大功率的微波能量，破坏目标无人机内部元件
美国	Battelle	DroneDefender	无线电干扰	在步枪外形设备中集成发射天线、增益设备、电源，反制时扣动扳机可发射无线电信号干扰目标上下行信号
英国	Open Works Engineering	SkyWall 100	捕网弹丸	配备有光电设备识别、跟踪目标，反制时由压缩空气发射器发射捕网弹丸，当捕网弹丸接近目标时释放捕网完成捕捉
俄罗斯	Avtomatika	Sapsan-Bekas	无线电干扰	在车辆上安置无线电探测子系统，主动雷达和光电子系统，无线电压制子系统，反制时发送无线电信号干扰目标上下行信号与导航信号
以色列	IAI	Drone Guard	无线电干扰	配备自适应 3D 雷达监视空域，光电子系统辅助识别目标，反制时发射无线电干扰目标上下行信号与导航信号

续表

国家	研发机构	研发项目	反制类型	说明
以色列	SMART SHOOTER	SMASH	常规武器	为反无人机设计的火控系统，搭配步枪使用，具备精准的反无人机功能，内置定位算法用于跟踪目标
加拿大	AerialX	DroneBullet	特制无人机	在导弹外形的四轴飞行器中集成光电设备，反制时锁定目标无人机，计算出打击的最佳飞行路径，依靠动能撞击目标

跟踪预警技术是对防御区域内的无人机进行精准识别跟踪，并发送入侵警报，通知工作人员对其进行处理的技术。最具有代表性的是 UAVX，该系统是由美国黑睿技术公司（Black Sage Technologies）研发设计的，并将人工智能技术应用其中，利用人工神经网络对入侵无人机进行探测、分类和警告，极大提高了无人机的识别率；此外，德国一家公司发布的"无人机跟踪者"系统，综合采用光电、声波和超声波技术，也可以对防御区域进行高效的监控，当非法无人机入侵时，会在地图上显示其具体位置，并发出警报[1]。

二、国内无人机反制装备发展现状

根据对国内的无人机防御系统现状的调研，我国无人机防御系统的发展可以分为被动防御阶段、主动防御阶段以及综合防御阶段三个阶段。

在 2016 年以前，国内的无人机防御系统，主要是利用无人机探测设备对非法无人机进行探测识别，再采用激光、导弹或网捕等硬杀伤手段，对目标无人机进行瞄准打击，这种硬杀伤的防御手段不仅反制效果差，而且很容易造成二次毁伤，严重威胁群众的安全。2016 年，中国工程院院士谭述森提出的"导航信息安全"，即对导航系统进行安全防护的概念。在这一概念的基础上，谭院士带领其工作站团队设计并研发了 ADS2000 系列诱骗式无人机主动防御系统，并顺利通过了公安部的检测，成为国内首个通过公安部认证的民用无人机主动防御系统，为我国无人机主动防御系统的发展奠定了坚实的基础。

2017 年 11 月，我国首个由"防御式探测预警系统"和"无人机干扰

---

〔1〕 张贝贝. 城市无人机防御管理系统的设计与实现 [D]. 西安：西安电子科技大学，2022.

系统"组成的"苍擒无人机探测防御系统"在广州市白云国际机场正式投入试运行,标志着我国无人机防御行业步入了一个新的时代。"苍擒无人机探测防御系统"主要由无线电频谱探测设备、光电探测设备、无线电干扰设备以及监控管理平台四部分组成,能够实现24小时全天候监控,并可以对周围8 km范围的非法无人机进行有效的探测,且可通过无线电干扰设备发射相应的干扰频段,使探测到的无人机原地迫降或返航[1]。

目前,国内已经有数百家企业在生产和销售无人机防御系统。这些公司的主要客户可以分为两大部分,一部分是政府、公安部门,主要用于重点区域的防护以及大型集会活动的安保;另一部分是行业用户,例如石油田、水利站、核电站等。这些公司研发的无人机防御系统和"苍擒无人机探测防御系统"相似,都是由无人机探测设备、无人机反制设备以及监控管理平台三部分组成。其中,无人机探测设备主要分为雷达探测设备、无线电频谱探测仪以及光电探测设备;无人机反制设备主要包括网捕设备、激光设备、无线电干扰设备以及导航诱骗设备;监控管理平台一般是采用客户端的形式,在局域网内,通过路由器与硬件设备进行连接,最后通过网络或串口的通信协议,完成与硬件设备的信息交互。我国近年来推出的无人机反制系统见表4-3。

表4-3 我国近年来推出的无人机反制系统

年份	事件
2017年	青岛国数信息科技有限公司推出了一套无人机反制方案。该方案收集空域音频信息,与数据库中数据进行对比,然后利用高清成像设备进行搜索识别,确认目标之后由JAM系列电磁压制武器干扰目标信号并发射16 m^2 捕提网将其捕获,最后接入被捕无人机飞行控制单元获取起飞位置,实现溯源目的
2017年	2017年的全球创新创业交易会上,成都电科智达科技有限公司,作为一家高新技术创新企业,展示了其研发的无人机反制设备"Z"系统。该系统集成了小型化的雷达、光电复合传感器和高频宽带干扰技术,能够迅速、有效地探测、识别并拦截低空飞行的微型无人机
2018年	在2018年珠海航展上,中国航天科工二院207所展出了"低空守卫者"无人机反制系统,该系统综合了雷达监控、无线电探测、光电跟踪识别以及无线电干扰与欺骗等多种技术

---

[1] 周凯,廖炳阳. 无人机在黄浦江核心区海事监管应用的分析 [J]. 中国海事,2021,(05):36-38,42.

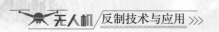

续表

年份	事件
2020 年	在 2020 年的第四届世界无人机大会暨第五届深圳国际无人机展览会上，上海特金无线技术有限公司推出了首个城市级别的网格化无人机管控系统。该系统利用频谱大数据和 AI 分析技术探测弱信号和调频信号，实现了多目标识别和分离（非）合作目标，通过到达时间差（TDOA）技术与网格化结合来确定目标位置，并最终通过定向干扰拦截设备进行有效反制

目前，无人机技术与其反制技术正处于一种相互竞争和发展的状态。随着技术的飞速发展，小型民用无人机正迎来一个前所未有的繁荣时代。这些无人机的自主导航和抗干扰功能正在逐步增强，它们的避障技术也在不断演进，为无人机操作带来了全新的挑战。在国际上，无人机监管领域的发展相对较快，尤其是在无人机监管框架的构建和无人机云系统的推广方面。

尽管如此，目前的无人机防御技术正遭遇发展的瓶颈。市面上尚未出现一种既能够有效制服无人机又不产生伴生损害的解决方案。无人机防御技术是一项涉及多个学科的综合性技术，要想实现显著的改进，需要在各个关键领域都取得决定性的突破，研究人员和工程师正在不断探索新的方法，以适应不断变化的无人机技术。例如，以先进的机器学习算法提升无人机的决策能力，而新型传感器技术则有助于提高无人机的感知和避障能力。此外，随着无人机在商业、交通、安全等多个领域的广泛应用，对于无人机监管和管理的需求也日益迫切，这推动了无人机云系统和其他监管工具的发展。

在未来，随着技术的不断进步和监管政策的完善，有理由相信，无人机防御技术将能够克服当前的困难，实现更为安全和有效的无人机管理。这需要政府、研究机构、私营部门和社会各界共同努力，共同推动无人机技术的健康发展。

第七节　无人机反制技术发展趋势

随着大数据、云计算和人工智能等新兴互联网技术的蓬勃兴起，针对非合作无人机反制问题，研究人员围绕其关键技术展开了大量方法创新和工程实践，在无人机反制技术方面，逐步向智能化、自主化、多元化方向迈进。

一、智能化探测识别技术

在动态目标检测领域，当前的学术研究主要依赖于帧间差异分析、静态背景排除，以及运动对象模拟等策略来完成对移动目标的识别与定位。伴随着深度学习算法在人工智能技术应用中的日益重要，传统的视觉目标识别技术正在迈向智能化的更高层次。

（一）多点组网探测技术

依托民用移动通信基站设施建设分布式探测组网系统，通过网络融合各点探测器探测到的信息进行协同探测与综合识别，可弥补单点探测获取信息不充分、存在探测盲区和设备故障概率等缺陷，降低漏警概率，实现较好的探测效果。

（二）多传感器信息融合技术

该技术通过融合不同原理的探测方法，将远距离探测的雷达和无线电频谱探测技术与近距离探测的光电和声波探测技术相结合，相互印证，实现及时、准确预警，关键技术是包含时空配准、特征融合在内的多传感器信息融合技术。

（三）基于深度学习的识别技术

随着大数据技术应用于无人机反制领域，基于深度学习的无人机探测识别技术以无人机目标侦察数据库为依托，能够较好实现对无人机与飞鸟、气球等干扰物的区分，提升对无人机特征的识别能力[1]。

二、自动化区域防护技术

部分隐蔽目标和敏感区域反制无人机的特殊任务需求，既要成功处置非法入侵的小型无人机目标，又要注意处置原则、行动方法、社会影响等因素，可采用程序控制技术来实现对非合作无人机的静默防护，其核心理

---

〔1〕 凌璐，王敬. 关于 4G LTE FDD 试验网严重干扰 3G/4G TD 商用网问题的分析［J］. 通讯世界，2014，(19)：17－18.

念是基于任务区域的根本防护需求，通过精准信号屏蔽、地理信息禁入以及专用指示收发等关键技术，实现对重要目标区域的有效防护。

（一）精准信号屏蔽技术

在任务区域设置信号屏蔽源，对无人机实施精确的信号干扰。这种策略属于对无人机的导航、遥控和传输信号进行干扰和压制。这种方法的目的是在最大程度上减少对真实目标位置信息的泄露风险，确保关键目标的安全防护。

（二）地理信息禁入技术

无人机厂商在无人航空器中内置禁/限飞功能模块，并及时更新禁/限飞区域，当无人机接近该区域上空时，定位信息将自动与禁/限飞数据库信息进行比对，自动命令无人机降落或返航。

（三）专用指示收发技术

该技术是在出厂的无人机内置入禁飞指示接收器，通过在任务区域布置相应的指示发射器，以无线传输指令的形式向无人机发送降落或返航命令，驱使目标无人机停止入侵行为。

三、多元化网络控制技术

现有小型民用无人机为便于用户操控，通常采用 Wi-Fi 网络和远程开放端口来进行交互，飞控系统更是加入了手机或平板电脑操控功能，因此，可以将无人机系统视同于网络中的终端设备。通过网络入侵控制技术反制无人机，即在网络空间中运用控制技术，来实现对不合作无人机的接管与控制。但此类方法门槛较高，且不易实现商业化，目前还在研发过程中。

（一）网络入侵技术

该技术通过渗透手段断开无人机用户的 Free Flight 控制应用，并使之与我方配对，从而获得完整的控制权限；或获取目标控制器的 root 权限，对其数据进行破坏和篡改，瘫痪其控制网络，进而使得无人机系统失效，丧失任务执行能力。

（二）病毒攻击技术

该技术是开发专门的无人机劫持软件，并部署在经过特殊设置的无人机上，对在特定 Wi-Fi 覆盖区域内飞行的其他无人机进行远程入侵，达到网络接管目的，取得对非合作无人机的控制权，进而操控目标降落在指定区域。

（三）拒绝服务攻击技术

该技术是指通过拒绝服务攻击方法使无人机控制系统崩溃或者网络资源耗尽，无法提供正常的服务，主要包括连通性攻击和带宽攻击等。连通性攻击无人机反制技术指通过大量的请求指令冲击飞控系统，使得飞控系统资源被消耗殆尽，甚至引发系统崩溃，无法处理无人机的连接请求；带宽攻击主要通过极大的通信量冲击无人机控制网络，耗尽可用的网络资源，最后导致其无法为无人机提供服务[1]。

---

[1] 张子麟. 民用无人机链路信号侦察与反制技术研究 [D]. 成都：电子科技大学，2022.

第五章 穿越机的特点与管控

　　穿越机，亦称竞速无人机，是一种具备高速度和高机动性的航空器。这类设备通常由无人机爱好者自行选购零部件并进行组装，核心构成包括电动机、电子速度控制器、动力分配板、飞行控制单元、接收器、摄像头、图像传输模块以及遥控装置等。其体积较小，细长的机臂和简约的机体设计使其快速飞行，但这些无人机往往缺少完备的飞行控制系统，且不具备 GPS 定位功能[1]（图 5-1）。

图 5-1　穿越机外观样式

　　与用于摄影的无人机相比，穿越机拥有高达 230 km/h 的速度，其从静止状态加速至 100 km/h 仅需不到一秒的时间。此外，穿越机具备较高的推重比，这一指标衡量了发动机或飞机每单位质量所能产生的推力，体现其动力性能，例如，一架 600 克重的穿越机能轻松载起约 1200 克重的物体快

---

〔1〕 刘佳茜，孙永生，杨云川. 关于加强穿越机安全管控的建议［J］. 公安研究，2022.

速起飞，则推重比值约为 2。在技术层面，穿越机涉及空气动力学、软件工程和电子工程等多个学科领域，对操作者的科学知识储备、动手实践能力、组装技术，以及现场应变和操控技巧提出了极高的要求。

因其飞行速度快，穿越机竞速赛事被形象地称作"空中 F1"。而借助 FPV（First Person View，第一人称视角）技术，飞行员和观众能够通过无人机的摄像头实时追踪飞行竞赛的全过程，享受到如同坐在驾驶舱内一般的刺激体验。当飞行员佩戴上接收无人机视角视频的头戴式显示器时，刺激程度不亚于 F1 赛车。

由于穿越机种类繁多、速度较快、可靠性较差以及准入门槛较低，极大地增加了国家安全和公共安全的风险。穿越机监管困难，传统的探测和反制手段也难以应对，这一问题在无人机对抗领域显得尤为突出。因此，加强穿越机的安全管理研究变得尤为紧迫，需要加强跨部门之间的协作，确立具体的技术标准，并完善监管机制。此外，推动远程识别技术的发展，以应对侦测与反制方面的挑战，也显得极为关键。

无人机竞速运动是基于无人机 FPV 技术衍生出的一项集文化、科技、体育为一体的全新电子竞技运动。2014 年年底，美国的一部分玩家俱乐部将四旋翼飞行器改装成 FPV 穿越机，并创造了这项运动。无人机竞速运动于 2015 年开始在国内兴起，2016 年至 2019 年呈现井喷式发展。穿越机在严格意义上并不属于无人机范畴。小型航空器若成为无人机，必须具备 2 个特征。第一，必须具备超视距飞行功能；第二，必须具备自主导航功能。穿越机具备超视距飞行功能，但大部分穿越机却没有自主导航模块，其主要目的是追求速度，以及"人机合一"的模拟飞行操作体验。

第一节　穿越机的特点及发展现状

一、主要特点

（一）种类多

穿越机具备模块化特点，不同制造商生产的组件能够随意搭配，技术熟练的爱好者甚至可以自行组装，故穿越机种类繁多，各具特色。依照其主体框架的大小，穿越机大致可分为 2 英寸（约 5.08 cm）至 7 英寸（约 17.78 cm）等多个规格，较小的桨叶设计使得机器操控更加敏捷，而较大的桨叶则提供了更好的稳定性和更长的续航能力。通常，2 英寸（约 5.08 cm）和 2.5 英寸（约 6.35 cm）的机型主要适用于室内飞行，也被称为"空心杯"穿越机。为了追求稳定性，航拍机会使用较大的轴距，例如大疆御 3mini 的轴距是 247 mm，而大疆 M350 的轴距则是 895 mm。然而，穿越机追求更高的灵活性和更低的惯性，需要更轻盈、更细小的外形，因此它们的轴距往往只有 200～300 mm，目前主流是 220 mm 左右。

（二）速度快

穿越机的设计旨在追求极限速度，因此选用了高性能的快速电机和轻量的框架结构。这种设计赋予了穿越机惊人的速度，其中一些机型的最高速度甚至可以突破 280 km/h。

很多航拍机为了追求更智能的拍摄技巧和更清晰的拍摄画面，而使用略有迟滞的数码实时图传技术，把相机里清晰的实时画面传送到飞手的终端；但穿越机的需求是速度快，实时图传不能有任何迟滞，所以它们很多时候会采用模拟信号（Analog）图传：虽然模拟信号传送画面经常会有雪花，但传输速度快，画面几乎 100% 与穿越机同步，并配以图传眼镜，能让飞手第一时间作出反应。

（三）可靠性差

为了捕捉到令人惊叹的空中影像，航拍无人机需要具备极高的稳定性，因此，它们配备了 GPS、气压传感器、超声波以及视觉传感器等一系列先进电子系统，这些设备能够帮助操作者精细控制机身平衡。相比之下，穿越机更侧重于敏捷和迅速的反应，因此它们通常不搭载自动稳定的电子设备，以减少电脑稳定系统对飞行的干预。此外，这些传感器不仅增加了重量，还增加了能耗，因此穿越机大多数情况下依赖飞行员手动操作，其操控复杂程度远远超过了航拍无人机。

穿越机往往是由爱好者自行购买组件并组装而成的，由于组装者的技术水平和零部件的质量参差不齐，穿越机的可靠性受到严重影响，故障率较高，一旦出现失控或其他原因导致的坠机事故，可能会导致人员伤亡和财产损失，这些后果往往是不可逆的。在市场上，只有少数厂商如 Makerfire、GEPRC 等生产完整的穿越机，而 DALRC（大力）、HobbyWing（好盈）和创世泰克等是主要的零部件生产商。由于缺乏统一的生产标准和性能指标，市场上只有少数产品能够保证质量，而大量的"三无"产品充斥市场。

（四）准入门槛低

穿越机的参与门槛较低，吸引了各种水平的爱好者加入。相较于国际市场，我国的穿越机爱好者起步较晚。然而，近年来，我国在全球穿越机零部件市场中占据了重要地位。据一位制造商估计，我国目前有大约 3000名活跃的穿越机爱好者（按每周至少飞行一次计算），他们主要集中在一线和二线城市，以 18 至 35 岁的年轻人为主，且参与者有年轻化的趋势，甚至包括了一些未成年人。这一现象预示着未来市场有着巨大的发展潜力[1]。

二、穿越机的发展

穿越机的发展与开源技术的进步紧密相连，尤其是开源硬件和软件方面。在开源硬件领域，Arduino 作为全球最受欢迎的开源硬件开发平台之一，代表着全球硬件开发的趋势。该平台鼓励开发人员专注于创新。在开源软件方面，飞行控制器模块（简称飞控）在穿越机中的核心地位更加凸显。2011 年 6 月，法国的模型飞行爱好者 Alex 采取了开源策略，公开了MWC 飞行控制器的源代码。随后，日本的爱好者 Time Crop 对 MWC 进行了重大升级，创建了 Baseflight 平台，这一转变标志着穿越机飞控从 8 位微控制器向 32 位微控制器的跃进。在此基础上，航模爱好者 Boris 进一步开发了更为精简的飞行模式，这极大地降低了开源飞控系统调整的复杂性。随着更多同好的参与，飞控算法得到了持续的优化和完善，使得飞行控制系统的入门难度大大降低。此外，大疆穿越机产品线的推出，使得这一曾经小众的爱好得以大规模商业化，进入了更多消费者的视野。

〔1〕 刘佳茜，孙永生，杨云川. 关于加强穿越机安全管控的建议［J］. 公安研究，2022.

第二节　穿越机安全风险管控难点及现状

一、穿越机安全风险管控难点

（一）隐含新型犯罪方式手段

得益于其低成本和高实用性的优势，穿越机已逐渐成为恐怖分子的"新型武器"。未来，恐怖分子可能会运用穿越机搜集情报、侦查监测、散播恐怖信息、发动网络攻击、投掷有害物品等。

（二）运行监管难

穿越机不依赖卫星导航系统，故监管部门很难实时掌握其飞行状态、实施监督管理。此外，在无线电探测过程中，通过对无线电协议的深入分析，发现对穿越机的探测存在一定的误报风险。穿越机大多由个人购买零件自行组装，因此质量水平和故障率均存在较大差异。此外，其飞行控制系统相对简化，只能维持基本的水平稳定。这种高速度与高故障率结合的特点，使得穿越机具有极大的危险性。如果发现有穿越机违规飞行，采取措施制止，由于其缺乏完善的飞行控制系统，难以保证其安全着陆，可能导致其高速坠毁，引发严重的安全问题。

二、穿越机安全风险管控现状

当前，在无人机监管领域，各相关部门之间还未形成一套协调一致的管理衔接机制。特别是针对穿越机这类新兴航空器，存在的问题包括责任归属不明确、职能交叉以及管理层面的断裂等，这些问题随着时间的推移将愈发显著，并可能对穿越机的监管产生深远影响。

第三节　加强穿越机管理的对策

在美国，美国联邦航空管理局（FAA）在 2018 年废除了对航空模型的传统定义，将各类爱好者的玩具和娱乐性飞行设备统一归类为无人机，并对其进行管理。尽管穿越机目前在美国仍可飞行，但它们已被纳入无人机的管理体系之中。与此同时，加拿大对无人机的管理法规更为细致，根据无人机的质量将其分为不同类别，并规定必须在操控者的视距内飞行。此外，操控者需通过在线考试获得执照，并且必须在无人机上贴上标签，注明姓名和联系方式，以防无人机在引发安全事故后无法追踪到所有者，根据事故的具体情况，政府将采取相应的处罚措施。无人机行业是一个高技术领域，穿越机作为无人机的重要类别，对于整个无人机行业的发展具有重要作用。穿越机竞赛文化在推动无人机产业发展方面扮演了重要角色。参考国际上的成功案例，我们应当加强穿越机安全风险的管理与控制，保障低空飞行区域的安全与畅通，从而保证穿越机产业在安全管控的背景下快速发展[1]。

一、加强生产厂商的源头管控，明确技术规范

我国绝大多数穿越机的主要零部件生产厂家都在深圳。这些厂家包括大力、飞盈佳乐、好盈、Foxeer、Runcam、格普、创世泰克等，且各厂家有着不同的专业领域。

（一）统一制定技术规范，严格控制产品的性能参数，使其符合法律规定

对于致力于生产完整穿越机产品的制造商而言，他们有责任确保其产品能够精确地调控各项关键性能指标。除此之外，制造商还必须对穿越机所配备的图传系统实施有效的管理措施，以确保其运行范围在人的视觉观测范围之内。

（二）加强对穿越机关键零部件生产厂商的管理，对部分关键部件实行限制销售

制造商必须确保其产品的性能参数符合行业标准，不得擅自降低产品质量。这种措施能够从源头上对穿越机的性能参数进行控制，进而有效规范用户的组装行为。

电子调速器在穿越机中扮演着至关重要的角色，它不仅负责向电机分

---

〔1〕　刘佳茜，孙永生，杨云川. 关于加强穿越机安全管控的建议［J］. 公安研究，2022.

配电流，还与飞行控制单元紧密协作，确保穿越机的平稳飞行；而高速动力电机则是实现穿越机迅捷飞行能力的关键。对这两个核心部件的销售实行管控，并强制执行性能标准，是保障穿越机整体性能和人员安全的重要手段。

二、加强穿越机实名登记工作，组织培训和登记

对穿越机操作者实施严格的管理措施至关重要，包括对他们进行标准化的审查和专业的训练，以确保他们具备必要的操作技巧和安全意识。另外，建议在注册管理方面进一步细化规定，要求操作者在购置完整设备或自行组装完成后，须向有关部门申请注册，这样管理部门就能够获得穿越机使用者及其生产厂商的数据。这些策略将有效提升对于非法飞行活动的追踪和处理的效率。

三、构建穿越机管控的协调机制

穿越机的管控需要工商、质检、军民航空管单位、体育总局、公安机关等部门的协作，应参照无人机管理办法，加强数据摸排，分析提炼出穿越机特征、专业玩家组装操作特点、核心配件生产厂家及低慢小航空爱好者的特征数据，搭建针对穿越机、无人机基础摸排和黑飞管控的预警规则，有效开展监测预警[1]。

四、加强运行监管手段建设

（一）搭建交易平台，进行交易监测和预警管控

建立专门的交易平台以监控和预防关键部件的非法销售。为了加强对图传系统的监管，国内销售的穿越机应具备 GPS 功能，确保在起飞时向相关部门实时传输数据，否则飞控系统将无法启动，这样可以从源头确保穿越机符合法律规定。

（二）推进远程识别

随着穿越机市场的不断扩张，资源逐渐集中在少数具备强大实力和完

---

〔1〕 李亚凝. 综合交通运输体系下无人机安全运行法律制度研究［J］. 中国法律评论，2018，（02）：169－179.

整制造流程的大型企业手中，这为政府机构制定行业规范和标准提供了良好的机遇，有助于整顿市场秩序。为了提升远程识别和无人机安全管理系统的效能，可以探索利用移动网络或 Wi-Fi 连接技术，实现对穿越机实时飞行数据，如飞行次数、飞行高度、飞行方向和地理位置的监控。这将激励开源市场开发者创造出具有此功能的飞控系统，确保穿越机在起飞前必须发送位置信息，否则飞控系统将被锁定，阻止起飞。

监管机构还可以通过在通信塔或其他管控区域内部署监听设备来收集穿越机的实时位置和实名认证信息。在需要进行现场管制时，可以迅速部署管制装置。一旦穿越机识别出管制区域，其飞控系统将自动锁定，阻止起飞。这种监管方法将提供更大的灵活性和高效性。

（三）破解探测反制难题

为了有效应对穿越机带来的挑战，可以以法律法规的形式要求穿越机遥控器与手机建立连接，并通过手机应用实现对穿越机的追踪。遥控器应具备遥测能力，为确保穿越机的安全运行和合规使用，除了对遥控器信号强度和电池电量进行实时监测外，还应具备 GPS 坐标传输功能，通过智能手机应用程序实现穿越机的实名认证信息及实时位置信息的远程传输，直达无人机监管平台。一旦穿越机进入禁飞区域或超出既定飞行高度，监测系统应即刻发起警示，向操控者发出提醒。结合实名认证数据，该系统还能对违规飞行行为进行追踪与调查。监管平台的使用者可以设定临时或永久的禁飞区域，并通过应用程序向用户发送实时通知，保障敏感区域及重要活动场地的低空安全[1]。

---

〔1〕 张亚男，黄晓林. 民用无人机市场发展和创新中的隐私保护 [J]. 信息安全与通信保密，2017，（02）：89－96.

第六章　低空无人机的交通管理

　　无人机飞行管理工作应坚决贯彻总体国家安全观，以安全为首要、服务发展为导向、分类管理为基础、协同监管为手段。《无人驾驶航空器飞行管理暂行条例》明确要求，国家空中交通管理的领导机构需统筹构建无人驾驶航空器一体化综合监管服务平台，以实现全国范围内的动态监管与服务。该平台对无人驾驶航空器进行全方位、多环节信息处理，不仅规范了统一管理流程，还构成了创新协同监管体系的核心部分。为了推动这一进程，国家空中交通管理领导机构将联合相关部门和单位，在研发、生产和使用各个环节加速平台的建设，并建立和完善相应的运营支持体系，旨在为无人驾驶航空器的用户提供更加便捷、高效的服务体验。公安机关在这一进程中将发挥关键作用，与国家级综合监管服务平台紧密合作，同时指导各级公安机关研究制定关于无人驾驶航空器数据信息的采集和应用策略，逐步建立起多层次的联动监管机制。

　　此外，可以借助互联网、物联网和公安网的技术优势，构建一个集监测、识别、追踪、定位、反制、分析以及防控指挥功能于一体的综合监管防控体系。通过全面收集人员、无人机、组织单位、飞行场地、飞行活动以及反制装备等各类数据，进一步加强无人机监管的基础工作，充分利用情报、危机管理和大数据的支持，实现低空空域安全的日常管理和实时防控指挥。

　　通过加强信息共享和科技创新，公安机关将显著提升对无人机违法违规飞行活动的防控和处置能力。先进的数据分析融合技术、空间交通网络构建及路由规划技术，以及飞行器的动态监管技术等，将有效应对低空空域管理面临的挑战，提高空域的管理效率和使用水平，确保低空空域资源的安全、高效利用[1]。

---

　　〔1〕　王水璋，姜健，王勇. 低空安全监测管理系统的探索与研究［J］. 电子测量技术，2018.

第一节　低空无人机交通管理的基本概念

对于民用航空器而言，空中交通管理（ATM）的核心职责是：根据空中和地面系统的运行能力以及经济需求，最大化地提升空域使用效率。在低空无人机交通管理的长远规划中，ATM 致力于实现多功能的无人机在各种地形环境（无论是广袤的乡村还是繁忙的都市）以及多样化的应用场合（涵盖空中监测、基础设施检查、物流配送等）中，能够有条不紊地在低空空域飞行。此外，还需考虑将这种管理模式逐渐扩展至载人飞行器等领域，以促进整个航空交通系统的和谐发展。具体而言，这种管理模式的核心在于确保无人机与其他空中物体以及地面障碍物之间保持安全距离，同时提供高效且有条不紊的交通流量调控与容量管理机制。

低空无人机的交通管制与传统的空中交通管制不同，将逐渐减少对管制员的依赖，更多的交通管理功能将由后台系统自动化处理。这意味着，管制员的角色将逐渐转变为运维监控和系统维护，如图 6－1 所示。低空无人机空域管理和流量管理将与实时的低空交通流量控制、碰撞检测等系统深度融合。

在低空无人机交通管理中，空中交通服务的内容丰富多样。与传统的民用航空空中交通管制相比，低空无人机的空中交通管制功能将得到简化，部分功能将整合到容量管理和流量管理中，并由后台计算机系统负责处理。这种转变不仅提高了管理效率，也为低空无人机交通的未来发展奠定了基础。

无人机飞行运营服务是一个综合性的领域，它包括了运营者的管理、飞行员的培训与监管，以及飞行设备的维护（包括无人机和遥控器等）等多个方面。此外，为了支持无人机的安全和高效运行，全面的无人机运营服务还可能扩展到无人机的修理、电池充电，以及相应的保险服务等多个环节，不过，低空无人机交通管理的主要职责并不涉及这些运营服务，而主要集中于交通服务方面，扮演着整个空中交通管理的核心决策角色。通信、导航与监视（CNS）功能基础设施在低空无人机交通管理系统中发挥着至关重要的作用。

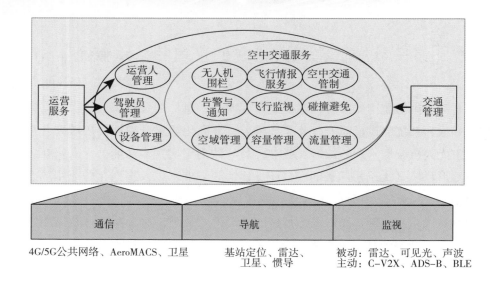

图6-1 无人机交通管理组成框架[1]

首先，信息传输在无人机交通管理系统中扮演着至关重要的角色，它是连接空中与地面、无人机与其他交通参与者的桥梁。这种通信涵盖了空中对空中、空中对地面、地面对地面，以及无人机与各类交通服务提供者之间的互动。常见的通信技术包括4G/5G公网、AeroMACS、专用网络、卫星通信和C-V2X等。

针对低空300 m以下空域的基础设施建设成本问题，利用移动运营商提供的4G/5G公共网络，是一个既经济又高效的选择。这种网络不仅能够覆盖广大的区域，还具有较高的数据传输速率和可靠性，能够满足无人机交通管理的需求。

其次，导航对于无人机在低空飞行中的定位至关重要。由于雷达导航在低空部署存在诸多困难，如易受障碍物遮挡等，因此并不适用于低空300 m以下空域。

最后，监管与监控是保障无人机在低空飞行时的安全与可控性的核心。为了实现这一目标，无人机必须实时传递其飞行轨迹和状态信息至地

---

[1] 全权，李刚，柏艺琴，等. 低空无人机交通管理概览与建议 [J]. 航空学报，2020，41（01）：6-34.

面监控中心。

目前，科学的低空无人机空中交通管理已成为各航空发达国家的共同目标。尽管各地在术语和组织上存在差异，但无人机交通管理系统在全球范围内的基本原理和方法却呈现出高度的相似性。

在美国，美国国家航空航天局（NASA）牵头，联合美国联邦航空管理局（FAA）、工业界和学术界共同研发了一套无人机系统交通管理框架——UTM。

该系统架构采用一种非强制性的、以服务为核心的空中交通管理模式，将管理权限委托给私营领域的无人机服务提供商（USS）负责具体服务。这种模式将监管职责交给市场力量，允许无人机服务提供商根据市场需求和行业规范自主开展服务。这种做法能够激发创新，提高服务效率，同时减轻政府监管的负担。在这种体系中，无人机服务提供商将负责无人机交通管理的日常运作，包括无人机的调度、监控、维护和安全保障等。此外，它们还需确保无人机在飞行过程中的合规性，遵守相关的法规和标准[1]。这些机构具备提供无人机所需服务（包括运营和交通服务）的能力，能为企业提供 FAA 所无法提供的服务。UTM 的技术发展分为多个阶段，分别测试基于接口的网络化运行和信息共享、超视距飞行、飞行意图分享和地理围栏、常态超视距运行、空中防撞和避障等能力。

欧洲各国则通过欧盟委员会和欧洲航空安全局（EASA）的倡议，提出了公共无人机飞行系统 U-Space。这是一个新的数字化、自动化服务程序，旨在确保大量无人机安全、高效地进入空域。U-Space 的理念与 UTM 相似，是由服务提供商提供关键功能。该系统将自动使用电子身份识别和地理围栏等工具，以确保无人机可访问相关信息。其发展计划分为四步走，包括提供基础服务、初始服务、扩展服务和全功能服务。

日本也积极跟进，日本 UTM 协会（JUTM）和日本新能源工业技术开发组织（NEDO）共同建立了国家 UTM 项目。该项目的参与方包括飞行情报管理系统（FIMS）、无人机服务提供商、数据源提供商和运营商。FIMS 负责管理所有的飞行计划、处理紧急警报并提供避障指令。该项目已于 2017 年开始演示，并计划于 2020 年开始实施。

---

[1] 栾大龙. 通用航空军民融合式发展回顾与展望 [J]. 民航管理，2014，(06)：32－35.

在中国，无人机云系统通过交换系统进行信息交互，并集成到无人机运行管理（UOM）系统中，提供禁飞区查询、身份识别、数据统计、电子围栏、动态监视等功能。同时，中国民航局也发布了相关管理规程，启动了无人机空中交通空域管理、流量管理、飞行管制与风险评估等的研究与试点。

不同国家在空域划分、通信基础设施等方面面临不同挑战，这导致无人机交通管理技术在路径上具有多样性。在我国，由于空域管理的特点，采用以集中管理、有序飞行为核心的低空无人机交通管理技术显得尤为合适。与此同时，欧美等国家和地区更倾向于优先发展碰撞检测与避障技术。无人机交通管理技术的研发与落地将满足不断增长的无人机行业应用的需求，推动航空业的快速发展，成为各国竞争航空强国地位的重要途径。

第二节　监管防控大数据的组成

一、无人机云系统

2015 年 12 月 29 日，中国民航局发布了《轻小无人机运行规定》（以下简称《规定》），该法规主要聚焦于无人机云系统的重要性。《规定》中明确指出，重量超过 7 kg 的特定类型无人机，必须明确接入"电子围栏"和"无人机云系统"（简称"无人机云"）。对于重量在 7 kg 以下的无人机，驾驶员无须持有执照，而重量超过 7 kg 的无人机，驾驶员则需满足一系列严格的要求并取得执照。此法规对 7 kg 以下的无人机较为宽松，如不需要装备电子围栏，但必须事先了解禁飞区域。

所谓的"无人机云"，是一个针对轻小型民用无人机的运行动态数据库系统。它的主要功能是对无人机用户进行实时监控。任何接入该系统的无人机都需要实时上传其飞行数据。此外，无人机云还具备对侵入电子围栏的无人机发出警报的功能，从而确保无人机的"可识别、可监测、可追查"。

二、无人驾驶航空器一体化综合监管服务平台

《无人驾驶航空器飞行管理暂行条例》旨在推动无人驾驶航空器在设

计、生产及应用方面的标准化，构建一体化的综合监管与服务体系。该规范通过引入信息化技术，对无人驾驶航空器的关键信息如身份识别、飞行规划及实时动态等进行自动化的后台处理，以推进无人机监管服务的"一站式"和"网络化"办理。这确保了各方能直观、透明地掌握空域利用情况和飞行状态，进而简化人工管理流程，提升无人驾驶航空器飞行的效率、便捷性和安全性。

为了响应这一新规，并确保其与民航相关领域的顺利对接，民航局设立了专门的无人驾驶航空器管理工作组，并组成规章制定团队。在经过深入调研、广泛征集各方意见和多次协调研讨后，团队起草了《民用无人驾驶航空器运营安全保障规范（意见征集稿）》。

此份规范草案中提出，民航局将负责建立一个无人驾驶航空器运营管理平台。该平台将与国家空中交通管理领导机构构建的综合监管服务平台相互衔接，进而实现与空中交通管理机构、公安部门以及工业和信息化主管部门的数据共享。这一举措旨在全方位监管无人驾驶航空器的生产、注册和使用等环节，确保其全过程的可识别、可监测与可追溯性。

三、公安机关监管防控大数据的组成

公安机关可经多种途径收集与无人机相关的各类数据，构建以个体为中心的多元、实时、高精度数据库。此数据库将个体作为核心要素，与其他相关数据进行关联比对，并根据任务需求及技术进步持续优化，旨在为无人机防控工作提供精准全面的数据支持。

（一）个体数据

1. 无人机持有者数据

涵盖持有者姓名、身份证号、居住地址、工作单位等基本信息，以及所持有无人机的具体详情。此类数据可通过公安部自有管理系统进行标签化分类筛选，以识别相关群体。

2. 无人机驾照持有者数据

包含驾照类型、颁发机构、有效期及持有者基础信息。我国无人机执照由不同机构颁发，各自具有不同的特点和适用范围，如中国民用航空局的无人机云执照等。

（二）无人机相关数据

1. 唯一产品识别码

《无人驾驶航空器飞行管理暂行条例》规定，无人机需设置唯一识别码，相当于其"身份证"。无人机机体上应标注产品类型及识别码，外包装需标明运行要求与风险警示。

2. 无人机品牌、型号及性能参数

包括无人机的质量、尺寸、旋翼数量、飞行距离、续航时间、载重能力等性能参数。不同品牌、型号的无人机各自具有独特的外观特征，通常，性能参数越高，风险系数也越高。

《无人驾驶航空器飞行管理暂行条例》中规定，"对已经取得适航许可的民用无人驾驶航空器系统进行重大设计更改并拟将其用于飞行活动的，应当重新申请取得适航许可。对微型、轻型、小型民用无人驾驶航空器系统进行改装的，应当符合有关强制性国家标准。民用无人驾驶航空器系统的空域保持能力、可靠被监视能力、速度或者高度等出厂性能以及参数发生改变的，其所有者应当及时在无人驾驶航空器一体化综合监管服务平台更新性能、参数信息。改装民用无人驾驶航空器的，应当遵守改装后所属类别的管理规定。"

（三）组织数据

《无人驾驶航空器飞行管理暂行条例》中规定，"使用除微型以外的民用无人驾驶航空器从事飞行活动的单位应当具备下列条件，并向国务院民用航空主管部门或者地区民用航空管理机构（以下统称民用航空管理部门）申请取得民用无人驾驶航空器运营合格证（以下简称运营合格证）：有实施安全运营所需的管理机构、管理人员和符合本条例规定的操控人员；有符合安全运营要求的无人驾驶航空器及有关设施、设备；有实施安全运营所需的管理制度和操作规程，保证持续具备按照制度和规程实施安全运营的能力；从事经营性活动的单位，还应当为营利法人。"

1. 生产、销售、使用单位的数据

包括单位法人、经营项目、从业人员等基础信息和实名销售记录。

2. 无人机爱好者俱乐部及活动群的数据

包括俱乐部负责人、成员、业务范围、持有器具等信息。

3. 行业协会的数据

包括主管部门、负责人、会员等信息。无人驾驶航空器有关行业协会应当通过制定、实施团体标准等方式加强行业自律，宣传无人驾驶航空器管理法律法规及有关知识，增强有关单位和人员依法开展无人驾驶航空器飞行以及有关活动的意识。

4. 培训机构的数据

包括机构负责人、从业人员、培训资质、培训场地、培训项目和培训学员信息。

（四）行业资质数据

包括无人机航拍测绘资质、无人机维修资质、无人机租赁资质等。

（五）飞行场地数据

1. 合规飞行场地

包括空域审批文件、场地基本数据、负责人、管理人员和会员信息。

2. 潜在违规飞行场地信息

涉及地理位置、历史违规飞行事件等，以便监管部门进行风险评估与监管。

（六）飞行活动数据

1. 合规飞行记录

监控无人机飞行活动，记录飞行的时间、轨迹，及操作人员信息，以支持违规事件的追溯。

2. 违规飞行事件数据

详细记录违规事件的时间、地点、经过，飞行轨迹及使用的无人机信息，以及违规人员的详细信息。

（七）反制装备数据

包含反制装备的总数、归属、类型、性能等，以及装备的实时状态、历史工作记录和探测到的告警信息，以加强对反制装备的监督管理。

（八）任务报备类数据

涵盖飞行活动的信息，如时间、区域、无人机详情、操作人员、任务类型等，以及与重要活动相关的通报信息，确保飞行活动与重要事件在时空上的隔离。

第七章　公安机关无人机防控体系建设

　　面对无人机造成的多样化且复杂的威胁，公安机关必须深入挖掘现有装备的潜能，同时推动建立情报信息的共享平台，以形成高效协同的作战机制。针对不同现场环境和任务要求，有针对性地设计无人机反制战术方法，有效整合人力资源和装备资源，提炼出适应各种情境的反制方案，从而强化公安机关在紧急情况下的快速响应和处理能力。

　　无人机反制工作是一项全面而复杂的系统性工程，涵盖了市场监管的强化、技术选择的精准以及反制设备的合理配置等多个层面，提升无人机反制工作的科学性和系统性，对于增强无人机系统的安全性和治理效能至关重要，这种提升既是目标，也是实现该目标的有效手段，将有助于稳健地推进国家治理体系和治理能力的现代化进程[1]。

　　公安机关无人机防控体系可以运用分布式、网络化的布局方式，配置多种不同类型的传感器，以确保对低空空域全面无缝的探测覆盖。伴随着无人机技术的飞速进步，公安机关已开始广泛利用无人机防控系统来加强对关键区域的安全守护，确保国家政治和治安的稳定，并在构建安全的低空空域环境中发挥着关键作用[2]。

　　为了优化无人机反制工作，需要从多个方面入手：完善顶层设计以调动各方利益相关者的积极性；通过深入的安全风险评估来减少盲目的直觉性应对；深入分析最不利的情形以提高资源的利用效率；同时，通过科技创新来为无人机反制工作注入新的动力。

---

　　〔1〕　翁建. 系统思维视域下的无人机反制研究［J］. 经营与管理，2021，（04）：128－132.
　　〔2〕　郭兆轩，邢更力. 公安无人机防控体系建设及关键技术研究［J］. 山西警察学院学报，2020，28（04）：81－84.

第一节 公安机关无人机防控体系构建

建设公安机关无人机防控体系，面临着整合不同业务、部门、系统和网络的挑战，为了实现这一目标，需要确保情报收集、指挥调度和现场处置等环节的高效整合与协同。只有通过这样的方式，才能够有效地应对各种复杂情况，提升公安机关无人机防控体系的整体效能。

一、公安机关无人机防控体系构建要求

（一）制定无人机防控规范，促进体系健康发展

通过合理的规范标准和具体实际应用，公安机关无人机防控体系不仅能够有效保障空域安全和人身安全，还能对无人机行业的健康发展起到积极的推动作用。

（二）提升设备融合与体系化探测能力

通过采用多种技术手段的联合协同方式，成功构建体系化的无人机防控能力，为确保重点区域的安全提供有力保障。

（三）优化分布式协同处理与可扩展性

为满足机场、核电站、大型油田等重要区域的无人机防控需求，可以构建分布式、网格化的公安机关无人机防控策略体系，这能有效集中调配区域内及周边的警力资源，从而大幅提升对无人机的协同处理效率。

二、公安机关无人机防控体系的组成

公安机关无人机防控体系，为公安机关在无人机防控工作上提供系统化的强力支撑。其核心功能包括：一是通过多源传感器（如雷达、光电和无线电等）迅速且准确地捕获空域内的无人机目标信息，实现全方位的空域监控；二是融合多源数据，对无人机目标进行深度分析和综合判断，使得各个环节高效协同、有条不紊，从而达到智能决策的效果；三是构建一体化的通信指挥体系，确保在无人机防控工作中的情报收集、指挥调度和现场处置等环节高效整合与协同。

公安机关无人机防控体系可以运用分布式组网架构，由多个分系统协同工作。根据实际需求，该系统具备灵活的配置选择，可以搭载固定或便携式的干扰装置。智能化指挥控制系统，能够迅速响应探测子系统发现的目标，并实施有效的拦截和处理措施，系统架构如图7-1所示。

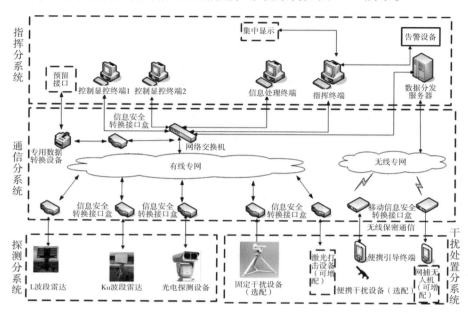

图7-1　公安机关无人机防控体系架构[1]

（一）多源传感器监控

为了在防控区域内有效识别无人机活动，该系统采用雷达和光电探测设备两种互补的技术手段。雷达系统负责在广阔的空域中探测无人机的存在，而光电探测设备则在雷达的指示下，对其探测到的无人机的周边区域进行细致的观察和分析，以实现对目标的精准追踪、识别和证据收集。这两套探测设备通过有线专网与控制显控终端相连，确保了目标信息的高速传输和指令的及时下达。控制显控终端在接收到目标数据后，会将其上报至指挥终端进行分析处理。信息处理终端负责对收集到的目标信息进行整

〔1〕　郭兆轩，邢更力．公安无人机防控体系建设及关键技术研究［J］．山西警察学院学报，2020，28（04）：81－84．

合、分类和威胁评估，并在电子地图上呈现，以此构建出防控区域的空中态势图。

指挥终端搭载了先进的辅助决策算法，为指挥员提供了科学的决策支持，帮助他们制定出合理有效的应对策略。通过专网通信，指挥终端能够将目标信息和控制指令传递至信息安全转换接口盒，该盒子再将指令传递至选配的固定干扰设备，对威胁目标迅速实施干扰。此外，系统还具备自动数据加密功能，并通过云服务软件将威胁目标数据传输至移动信息安全转换接口盒。该盒子解密数据后，通过专用保密信道将信息传递至便携引导终端，为公安民警提供实时目标信息，引导他们迅速抵达现场进行处置。通过有线和无线专网的结合，该系统构建了一个分布式的无人机防控网络。借助先进的控制软件和辅助决策算法，实现了智能化指挥模式，提高了防控系统的反应速度和处置效率。

（二）多源信息融合监控

1. 多传感器数据融合与处理技术

为了确保对无人机的精确追踪和全面状态评估，无人机防控体系必须融合并实施一系列数据处理和融合技术。这些技术包括点迹的前处理，其目的是解析点迹信息、进行坐标转换、排除异常值、同步时间和单位，并创建点迹处理队列。接下来是航迹起始决策技术，该技术依据关联分配的结果，根据关联成功的点迹形成初步航迹，并利用特定的规则来确定航迹的起始点。点迹与航迹的关联技术则用于确定点迹之间，以及点迹与目标航迹之间的关联关系，创建关联矩阵，并通过最优化算法进行求解和点迹分配。

为了区分真实和虚假目标，该技术通过计算航迹的可信度和一致性，结合多重阈值判断和雷达验证，来识别虚假目标。对于难以明确鉴别的情况，该技术会进行多周期的数据累积，以逐步清晰地识别目标。跟踪滤波技术，如卡尔曼滤波和交互式多模型（IMM）滤波等方法，被用于消除由机械和探测环境等因素引起的雷达探测点迹的随机误差，从而提升跟踪的精确度。这些技术的集成和应用，使得无人机防控体系能够实时地处理大量数据，确保对无人机的稳定追踪和准确状态评估。

2. 基于多传感器的目标融合识别技术

为了提升对低空目标的识别准确性，先进的无人机防控体系采用了多传感器信息融合的策略。这种策略结合光学、电子等多种传感器的物理特性，实现了传感器之间的互补和关联，从而克服了单一传感器的不确定性和局限性。在目标识别的过程中，系统首先对目标进行单一传感器识别，将目标的光学和电子特征与运动特征进行整合，并与预先训练的特征模板进行比对，以提高单一传感器的识别置信度。

随后，系统在融合识别阶段，综合考虑环境、目标和传感器等因素，建立了评估准则，以此设定传感器识别置信度的加权系数。D-S证据理论被应用于这一过程，以完成多传感器的融合识别。通过这种方式，系统构建了多特征空间，能够表征目标的多维信息，为识别提供了更有效的特征，显著提高了目标分类识别的准确率。

面对我国公安机关无人机防控建设中多部门、跨业务的挑战，构建全面的无人机防控体系至关重要。基于现有技术装备，需要加强雷达、光电、无线电侦测等多种设备的集成研发，推动无人机管控系统向智能化、精确化、小型化、经济化的方向发展。同时，结合公安业务的特点，注重集成研发，采用分布式的组网结构，构建包括指挥、探测、通信、处置和监控防护在内的多个分系统，形成多元立体化的公安机关无人机防控体系。通过这种体系，不仅加强了探测能力，还通过固定式与移动式相结合的反制手段，进一步提升了对无人机的管控效果。

第二节　无人机反制应用场景分析

不同反制手段具有不同的反制特性，在实际使用场景中，无人机反制系统与探测系统需搭配使用。反制方应当负有责任，误用或滥用都将带来严重后果[1]。

在安保工作中，由于活动规模、任务需求、现场特点、任务时长以及所处的地理环境等多种因素的差异，选择合适的无人机反制设备和技术手段，构建一个地面与空中紧密结合的安全防护体系显得尤为重要。这个体

---

[1] 程擎，伍瀚宇，吉鹏，等. 民用无人机反制技术及应用场景分析 [J]. 电讯技术，2022.

系不仅需要有效监测和识别出潜在的无人机威胁，还要能迅速作出反应，确保低空安全以及活动的顺利进行。鉴于安保工作的独特性，需要以问题为导向、以结果为目标、以逆向思维为指引，来制定和评估工作标准。这意味着需要从问题的根源出发，思考如何解决问题并达到预期的结果，同时还需要打破常规，采用逆向思维的方式，从反面思考问题，以找到更好的解决方案。

在执行无人机反制任务时，必须采取最为严格和精细的措施，包括制订详细的工作计划、加强人员培训和演练、定期检查和更新反制设备和技术手段等，通过这些措施确保目标的绝对安全，以及活动的平稳进行。在出现"黑飞"等违法违规行为时，迅速采取行动，将舆论的影响降到最低，这需要建立健全舆情应对机制，及时发布权威信息，加强与媒体和公众的沟通，以消除误解和疑虑。总之，无人机反制工作是一项复杂而重要的任务，需要综合考虑各种因素，采取科学有效的技术手段和措施，以确保低空安全和活动的顺利进行。同时，还需要不断创新和完善工作方法，以适应不断变化的安全形势和挑战。

一、无人机反制应用场景分析

（一）城市环境下的无人机反制

1. 城市环境下无人机反制的挑战

（1）建筑物密集导致的遮挡问题

在城市环境中，由于建筑物高度密集，视线受到严重遮挡。地面部署的无人机反制设备因此面临探测和处置距离受限的问题。为应对这一挑战，通常选择将设备部署于建筑物楼顶。这种方式对于飞行在楼际线以上的无人机具有较好的应对效果，但对于在楼宇间穿梭的威胁目标则效果欠佳[1]。

（2）复杂的电磁环境

城市环境的另一显著特点是电磁环境极为复杂。空间中充斥着广播信号、电视信号、Wi-Fi 信号、移动通信信号等多种无线电信号。这种复杂

---

[1] 梁延峰，王欣九，张博，等. 城市环境下反无人机技术发展设想［J］. 中国电子科学研究院学报，2023.

的电磁环境给无人机信号的探测带来了极大的挑战。

（3）设备使用的多重限制

城市环境下无人机反制的最大难点在于设备使用受到多重限制，与作战场景和野外环境不同，城市环境首先需要考虑的是人们的身体健康和正常的生产生活秩序。例如，长期向外辐射电磁波的雷达设备可能对人群健康构成风险，因此不适合在人员密集的城市环境中部署。无线电干扰和导航欺骗等处置手段若在城市环境中运用，可能会扰乱周边的电磁环境，对正常的民用通信造成干扰，甚至影响 GPS 时空基准信息的准确性。而激光设备和高功率微波设备，由于可能引发严重的人身伤害，因此更不适宜在城市环境中部署和使用。

2. 城市环境下无人机探测技术发展趋势

在城市环境中，无人机探测技术的发展主要面临的是遮蔽问题，即如何避免建筑物对无人机探测的干扰。为了解决这一问题，一种思路是通过分布式密集部署探测设备，构建覆盖整个防护区域的探测网络。然而，现有设备的成本较高，难以实现大规模、广域的覆盖，也无法实现常态化部署。针对这一问题，有两种可能的解决方案。一种方案是利用新兴技术降低传感器的成本，使其更易于实现大规模部署；另一种方案是对城市中现有的硬件基础设施进行升级改造，使其具备无人机探测功能。

具体来说，有以下几种可能的技术路径：

（1）5G 通信感知一体化技术

原则上，城市环境中的建筑物遮挡问题可以通过密集部署探测设备来解决。但在现实中，由于经费成本等限制，无法大量部署反无人机装备。考虑到城市中已经存在大量的移动通信基站，特别是在 5G 技术体制下，基站的密度更大，基本实现了无死角覆盖，如果能够通过通信探测一体化技术将这些基站复用为探测设备，就可以形成分布式探测网络，有效解决建筑物遮挡问题。据报道，中国移动（成都）产业研究院已经基于 5G 通信感知一体化技术，实现了通过 5G 基站对低空无人机进行有效探测。实验表明，单个基站对无人机的探测半径可以达到 1000 米，并可以对多达 1280 个目标同时进行跟踪探测。多个基站还可以进行无缝连续探测，对无人机目标的探测精度可以达到米级。

（2）智能反射面技术

另一种解决建筑物遮挡问题的方法是改变信号的传播路径，使信号能够绕过建筑物。由于电磁波是按直线传播的，因此需要借助其他手段或设备来实现传播路径的改变。智能反射面是移动通信领域的一项新兴技术，它利用低成本的被动无源反射组件组成电子平面，将接收到的信号改变传播方向后发送给最终的接收终端。通过智能反射面，可以实现对被建筑物遮挡目标的探测。在系统部署时，通过多个智能反射面的分布式部署，任何一个智能反射面探测到无人机信号都可以自主转发到终端接收单元，从而解决探测遮蔽问题。

（3）复杂电磁环境下的信号分离技术

主动探测设备对外辐射电磁波会对城市电磁环境造成一定影响，因此以无线电侦测为代表的被动探测方式仍将是日常无人机防护的主要手段。然而，在城市环境下，电磁信号众多且复杂，首先需要解决的是如何从众多无线通信信号中提取出无人机信号。广播、电视、移动通信等无线通信信号都有特定的工作频率，而无人机通信频段主要是公用的 ISM 频段，与Wi-Fi、蓝牙等信号频段相同。这就需要利用信号分离技术将特定频段中的信号逐一分离出来，进而识别出无人机信号。

（4）分布式视频监控体系

近年来，基于人工智能图像识别技术的发展，视频处理的智能化程度越来越高，可以自动发现目标并识别出目标种类。这项技术已经广泛应用于多种安全防护场景中。这项技术可以拓展应用于反无人机领域，利用城市中现有的大量视频监控设备，通过软件升级的方式增加无人机探测与识别功能，通过统一监控终端汇聚各设备的视频信息，从而构建一个分布式视频监控体系，对特定区域进行常态化、自动化的监控。在发现目标后，系统可以自动发出告警。

3. 城市环境下无人机反制策略

考虑到城市环境中建筑物众多、遮挡物密集、探测死角多、电磁环境复杂的特点，潜在的肇事者在选择无人机起降地点、应对障碍遮挡、适应电磁环境、遥控距离以及图传距离等方面均面临诸多制约。因此，针对城市环境的无人机反制装备部署应综合考虑远端和近端两个层面。

在远端部署方面，潜在的肇事者可能利用无人机从远离现场的位置起飞，通过精心规划航线、采取超视距飞行等方式，突破现场上空的防线以达到滋事破坏的目的。为此，建议在现场周边的高层建筑顶部部署具备远距离探测能力的雷达等设备，以确保及时发现远处的威胁并快速作出响应。同时，应将无线电压制设备配置在现场外围远端的适当位置，且其打击方向应朝向现场外侧，从而有效延长打击距离。值得注意的是，自行组装的 FPV 飞行器等设备受到图传功率的限制，其超视距飞行距离相对较短。因此，上述部署策略在距离上能够有效地筛选并应对这类潜在的滋扰破坏手段。

在近端部署方面，应重点加大现场周边的地面管控力度，遵循以地制空的原则，防止无人机从邻近的公园、住宅区等地起飞后因气流或复杂电磁环境的影响而失控坠入现场。建议在现场周边无人机可能的起飞地点设置便携式反制设备，加强观察和监控，以便在遇到紧急情况时能够迅速启动反制措施。此外，在现场外围部署欺骗式反制设备也是一个有效的策略，也可以创建临时的"禁飞区"以增强安全性。

（二）郊野环境下的无人机反制

1. 郊野环境下的无人机反制挑战

郊野环境的开阔性为无人机提供了众多便利的起降点位，如平整的空地、废弃道路及断头路等。这种多样性使得预先排查和管控潜在起飞点变得尤为重要。同时，由于环境开阔，确保探测装备能够覆盖并形成一个无死角的闭合监控区域也是一大挑战。某些空旷、偏远的重要区域，如核电站、水库大坝和能源基地，无人机的非法侵入可能带来严重的安全威胁。这些区域的特殊性要求实施全天候、全方位的无人机监测，但人力监测的局限性使得全自动探测技术手段成为必要。

2. 郊野环境下的无人机反制策略

针对郊野环境，需要采取一系列有效的无人机反制策略。首先，通过预先排查和地形分析，确定潜在的无人机起飞点，并实施严格的管控措施。其次，根据反制装备的技术指标，在现场远端科学地布设探测装备，确保形成一个无死角的闭合监控区域。对于重要区域的无人机监测，应优先考虑使用全自动化的探测技术手段，以克服人力监测的局限性，特别是在空旷、偏远地区，无线电频谱探测设备能够发挥其长距离探测的优势，且不会对当地居民的生产生活造成干扰，采用多个无线电频谱探测设备还可以提高对目标无人机的定位精度。在反制手段上，全自动干扰系统是首选，但在极端情况下，也应考虑增加使用摧毁类反制装置。对于边境地区的重点区域，除了常规的无线电频谱探测外，还需要通过破解、诱骗、劫持等手段对探测到的无人机进行控制，并诱导到己方境内迫降，以避免外交纠纷[1]。同时，对于采用静默飞行或复杂加密通信的非法无人机，可以考虑使用雷达和光电设备进行探测，并派遣搭载捕捉网的无人机进行捕获和取证操作。

二、具体场景下的无人机反制策略应用

根据各类无人机探测与反制技术在不同应用场景下的表现及其优缺点，应针对重点区域的无人机管控需求，灵活结合不同的技术原理和区域特性，有选择地综合运用探测与反制措施。

无人机安全事件作为突发事件的一种，具有显著的不确定性和突发性，其发生的概率及潜在后果都难以预测。为了更有效地管理无人机，需要对无人机管理的规律进行深入的分析和总结，探索出更加科学有效的管理策略，立足于全面的安全风险评估，对反制工作进行优先级划分，并采取相应的针对性预防措施。例如，在重大安保活动期间以及国家领导人居住地附近，无人机安全保卫工作应达到最高级别的防御标准，实现常态化布防，以确保防护目标免受无人机的侵扰；对于重要基础设施以及涉及易燃易爆危险品的大型企业等，应纳入次高级别的防御等级，可以采用固定式和车载式反制设备来保障场所安全；而对于一般大型活动、火车站等人员密集地区，可以纳入较低级别的防御等级，通常只需采用便携式反制设备并配备适当数量的人员即可完成无人机反制任务。

当各地区和单位在考虑是否列装无人机反制设备时，应先进行全面的安全风险评估并评定相应的风险等级，然后再决定采用何种等级的防御措施，以及是否需要列装无人机反制设备。这样做可以减少不确定性和潜在风险。

---

〔1〕 蒋冬婷，范长军，雍其润，等. 面向重点区域安防的无人机探测与反制技术研究〔J〕.应用科学学报，2022.

（一）针对重大集会活动的无人机反制措施

在诸如露天剧场、大型会场或体育场等人员密集且短期聚集的场所，无人机防控的需求通常具有临时性特点。为确保此类大型活动的安全顺利进行，安保团队应配备具有高度机动性的设备，如便携式雷达探测装置和干扰装置。这些设备不仅便于携带和操作，还能在执行警戒、探测和无人机驱离任务时提供灵活有效的支持。雷达探测装置的有效探测范围足以覆盖大多数大型场馆，同时，由于场馆内部布局相对固定，因此误报率较低。一旦发现无人机入侵，安保人员可迅速使用干扰装置对其定位或控制信号实施定向干扰，从而在不对周边环境造成过大影响的前提下，有效应对无人机威胁。此外，为预防潜在的次生灾害，还应结合会前规划和人群管理等多种手段，合理疏导人群，降低聚集密度，确保活动安全有序进行[1]。

1. 一般临时性活动场所的无人机应对策略

2018年9月，在江苏洪泽湖举行的首届大闸蟹节以及张学友在遂宁的演唱会，都出现了未经授权的无人机侵入。在这样的环境下，由于条件和成本的限制，使用雷达或光电系统可能并不适宜，为了有效地监控和追踪无人机，可以运用基于到达时间差（TDOA）的多基站频谱探测技术来监听和分析无人机的通信链路信号。这种方法可以精确地识别和追踪目标无人机[2]。

在临时性活动现场，若使用捕获网或摧毁手段，失控坠落的无人机可能对现场观众构成威胁。而无人机挂载捕获设备虽能有效应对无人机威胁并避免安全隐患，但在复杂背景和夜间光线不足的情况下，对操控人员的技能要求较高。控制信号欺骗技术虽为可选方案，但需复杂的破解过程。

因此，在此类场景中，在实施无人机反制操作时，战略位置的选择至关重要。理想的反制区域应位于活动区域的外围边界，这样可以最大限度地减少对区域内重要无线电设备的干扰。在这一策略中，定位信号欺骗技术可以与传统的信号干扰技术协同运用，用以误导无人机，促使其降落或者触发其内置的地理围栏功能。在整个反制流程中，保障公众的安全占据

---

〔1〕 蒋冬婷，范长军，雍其润，等. 面向重点区域安防的无人机探测与反制技术研究 [J]. 应用科学学报，2022.

〔2〕 程擎，伍瀚宇，吉鹏，等. 民用无人机反制技术及应用场景分析 [J]. 电讯技术，2022.

着首要地位，无论是采取驱离还是迫降的手段，操作人员都须严格遵循安全规程，确保不会对旁观者造成任何伤害。这不仅要求操作人员具备高超的技术素养，还要求他们具备良好的判断力和快速的反应能力，以便在紧急情况下迅速采取措施，保障现场人员的安全。

2. 重要临时活动现场的无人机应对策略

以 2018 年 8 月委内瑞拉总统马杜罗在加拉加斯的活动为例，携带炸药的无人机闯入现场并引爆，造成严重伤害。

这类场景更适合采用摧毁技术和无人机捕获技术。摧毁技术是应急手段，用于减少可能的伤亡；全向多频段信号干扰设备可阻断入侵无人机信号，逼停目标行动，但需注意范围内其他信号丢失的代价；无人机捕获技术可作为补充，当目标携带危险物品时，可由专业人员操作无人机将目标捕获至安全区域解除危机。

（二）常态目标的无人机反制

对于常态目标的无人机反制，通常存在两种情况：合作无人机的无意闯入以及非合作无人机的恶意入侵。针对前者，可以将合作无人机接入无人机云管理系统，利用信息化手段，根据空域管制条款对其进行登记、查询、记录和处罚。此外，通过制定规章制度、报备飞行计划等措施也能对其进行有效约束。同时，在无人机控制系统内设置黑盒等技术途径，可以实时监控目标无人机。而对于后者，可以采用雷达手段进行探测，并辅以地对空的光电摄像机或麦克风，以避免建筑物等遮挡造成的漏检。在这些重要地段，组建防控专业力量进行巡逻警戒是非常重要的，对于探测到的非法入侵无人机，可以采用干扰枪和网捕枪的组合方式对其进行反制、抓捕和取证。

1. 无线电环境敏感地区

在无线电环境敏感区域，对无线电频率的管理有着严格的要求。因此，在执行无人机探测任务时，应避免使用主动雷达系统，以免对敏感设备造成干扰。在反制措施的选择上，也应避免使用全向非追踪式控制信号干扰、定位信号干扰或欺骗技术，以免对无线电环境造成不可逆转的影响[1]。

---

〔1〕 李亚凝. 综合交通运输体系下无人机安全运行法律制度研究［J］. 中国法律评论，2018，（02）：169 – 179.

在这种情况下，可以考虑使用激光武器或捕网弹丸等物理手段进行反制，但这些方法的效果很大程度上取决于光电系统的精确制导能力。在实施这些反制措施时，还需注意无人机残骸可能带来的安全风险，并配备消防设备，以应对可能引发的次生灾害。

民航机场是无人机非法入侵事件频发的地方，为了确保航空器的安全运行，机场通常会设立较大的净空保护区域，并对电磁环境有着严格的要求。

在探测方面，我国的民航机场已经基本建立了地理围栏系统，但由于非法入侵的无人机通常是非合作式的，因此增加了频谱探测的难度，可能导致探测遗漏。为了确保机场终端区的安全，可以采用多基站外辐射源雷达组网的方式进行监控，通过接收电视塔反射信号对"低慢小"无人机进行广泛预警。一旦发现目标，Ku波段主动雷达与光电系统协同，可以实现对目标的精准探测和识别[1]。

为了满足机场方面的管理需求，对入侵目标的处置和溯源工作都至关重要。然而，雷达探测系统本身并不具备溯源能力，因此在反制过程中需要考虑如何实现目标的溯源。这可能涉及到在反制系统中集成溯源技术，或者在后续的分析处理环节中采用其他手段进行目标追踪和溯源分析。从反制角度来说，机场对周边无线电环境要求严格，特别是GPS信号所在频段，信号干扰导致的ADS-B失效、GPS故障等问题会严重影响航空器的导航监视，长期虚假警告还会干扰飞行员的判断，危害航空安全。在机场终端区域内，为了避免对无线电通信造成干扰，应谨慎使用无线电干扰技术和定位信号干扰技术。至于控制信号干扰技术，其应用需根据实际情况和成本效益进行评估，尤其是在军事化发展背景下。此外，可以参考首都机场采用鹰驱鸟的做法，将动物捕获技术作为一种应对无人机入侵的应急手段。网捕技术因其能够捕捉并溯源无人机，以及适应性强、部署迅速等特点，成为保护机场空域的有效工具，但缺点是网捕技术的捕获效率可能较低，这可能会导致多个飞行器在净空区域内滞留的问题。激光武器作为一种反制手段，具有不污染电磁环境、远距离精准打击等显著优势，雷达

〔1〕 陈农田，王冠. 我国通用航空安全文化建设思路的探讨［C］//中国航空学会. 2013年中国通用航空发展论坛论文集. 中国民用航空飞行学院航空工程学院，2013：4.

和光电系统也为激光武器的精准制导提供了技术支持，因此，激光武器可以作为一种高效的反制手段，用于保护机场的安全运行。

2. 非无线电环境敏感地区

在非无线电环境敏感区域的无人机反制操作中，仍应当谨慎使用全向无线电信号干扰技术，以防止对周边非目标设备造成不必要的影响。一旦发现可疑无人机目标，可以通过无人机预警系统迅速启动全向或定向全频段无线电干扰设备，及时进行拦截。

在诸如油厂、弹药库等敏感场所，应避免使用具有破坏性的反制技术，以防止潜在的灾难性后果。鉴于这些场所通常位于偏远地区，人口密度较低，周边环境开阔，可以采用定向无线电干扰设备与无人机探测预警系统相结合的方式，来实现有效的安全保障[1]。

为了进一步提高反制操作的精确性和效率，可以利用先进的探测技术，如高精度雷达和光电系统，以及先进的干扰设备，对可疑无人机进行实时监控和快速响应。通过这种方式，可以在确保安全的前提下，有效地防御无人机入侵，保护重要设施的安全。

（三）路线（行进间）的无人机反制

政府要员的车队在城市环境中行进，周边环境的复杂性和掩体的多样性为保护工作带来了挑战。与其他无人机反制操作环境不同，无人机反制的保护目标持续处于动态变化中，不仅地理位置在不断变化，速度也会随路况而调整。这时就需要从多个维度来综合考虑部署策略。

在车队行驶路线上，常见的反制手段包括电子干扰设备和无人机防御系统。在装备选择上，优先考虑行进间的被动式无线电探测设备，这类设备能够持续监测并发现接近的无人机信号，如图7-2所示。如果上级安保部门不允许跟随车队进行部署，那么就需要根据路线的具体情况，在关键节点和薄弱环节设置无人机探测和反制设备。

---

〔1〕 罗俊海，王芝燕. 无人机探测与对抗技术发展及应用综述〔J〕. 控制与决策，2022，37（03）：530-544.

图 7－2　行进间反制设备部署

在部署策略上，应形成以探测为主、反制为辅的装备布局。具体来说，就是在路线两侧的制高点设置探测与反制一体化的设备，形成首尾相接的闭环保护。如果设备数量有限，无法形成完整的闭环，那么在车速较慢的地点，如转弯处或狭窄路段，可以部署单兵反制设备。同时，在两侧的公园、空地等可能成为无人机起降点的区域，应部署专门的监控警力[1]。

在车队移动过程中，当无人机靠近时，安保人员目视寻找并锁定目标，与无人机火控系统相结合进行处置。

在动态的车队行进过程中，可以部署枪式捕网装置，同时安排两辆装备有全向无线电信号干扰设备的车辆，分别部署在车队的前方和后方，以确保关键车辆始终在干扰信号的保护之下。这种策略涉及在特定区域内进行短暂的信号干扰，使用全向无线电信号干扰或定位信号干扰技术来有效反击。

这种方法充分利用了无线电干扰技术的灵活性和即时性，能够在必要时迅速建立保护圈，为车队提供坚实的防御。这种布局，不仅可以提高反制的效率，还能确保车队在行进过程中不受干扰。

---

〔1〕　刘明远. 民用无人机社会风险防控与法律监管〔J〕. 行政管理改革，2019，（08）：44－49.

第八章 无人机反制设备应用

常见的单警反制设备包括平板型、手持式、枪式三种类型。使用反制设备必须严格按照规范程序操作，严防意外情况出现。在得到反制命令或决定反制之前，不得开启反制设备上的各类频段及反制模式按键。

第一节 平板型设备介绍与使用

一、平板型设备结构分布（图8-1）

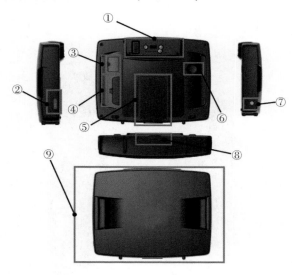

①控制显示区 ②充电显示区 ③组网端口 ④辅助端口 ⑤电池仓 ⑥工作触发开关A
⑦工作触发开关B ⑧设备固定螺母 ⑨电波发射面

图8-1 平板型设备功能区

二、控制显示区（图8-2）

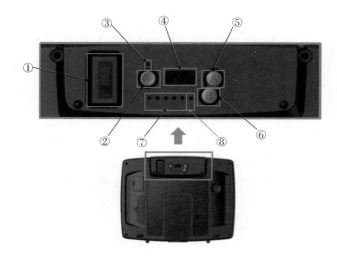

①设备总电源开关　②蜂鸣发声键　③蜂鸣提示灯　④数码显示管　⑤调节键 A　⑥调节键 B　⑦射频工作提示灯　⑧联网提示灯

图8-2　平板型设备控制显示区

三、充电显示区（图8-3）

①电量显示灯　②电量显示按钮　③设备充电口

图8-3　平板型设备充电显示区

四、基本操作

1. 检查设备电量（图 8 - 4）

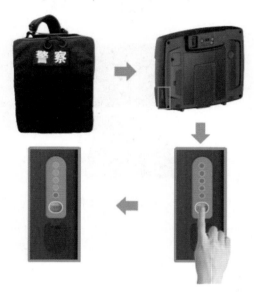

图 8 - 4　平板型设备充电操作提示

打开背包，取出平板型设备，短按一下电量显示面板处的电量显示按钮 "TEST" 键，查看设备电量，当 LED 灯组不满四格时，应充电；电量显示灯会在 5 秒后自动关闭。

2. 开启设备总电源

进入工作岗位后，在控制显示区，按下设备总电源开关，面板数码管点亮并显示设备单次工作时间和工作模式，设备进入待机状态（图 8 - 5）。

3. 瞄准目标方向

当发现可疑无人飞行器后，将发射面中轴线大致指向无人机飞行方向；本设备采用定向平板天线，如果发射面中轴线偏离过大，会降低使用效果，甚至无法产生反制效果（图 8 - 6）。

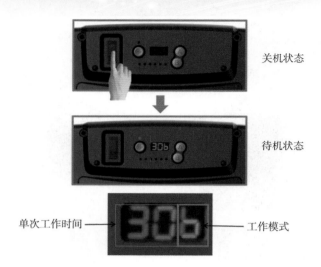

图 8 - 5　平板型设备工作模式

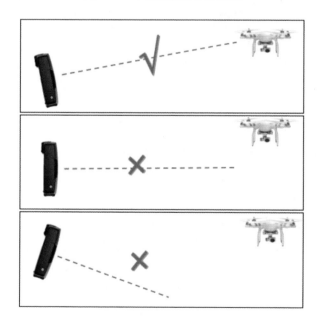

图 8 - 6　瞄准目标方向

4. 发射干扰电波

得到反制命令后，按下红色按键，这时需将发射面始终对准可疑飞行器方向。（图 8 - 7）

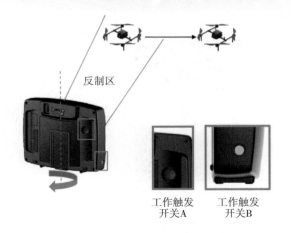

图 8 - 7 发射干扰电波

需将发射面始终跟随无人机飞行方向转动或移动，无人机一旦脱离反制区，可在很短时间内与遥控设备重新建立通信联系。

5. 反制有效距离（图 8 - 8）

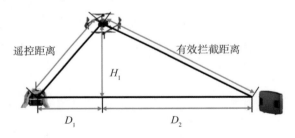

图 8 - 8 反制有效距离

（1）$H_1 = 100$ m，$D_1 = 100$ m，$D_2 = 500$ m，反制有效；

（2）$H_1 = 50$ m，$D_1 = 0$，$D_2 = 500$ m，反制有效；

（3）$H_1 = 30$ m，$D_1 = 30$ m，$D_2 = 400$ m，反制有效。

6. 设备工作模式

（1）A 模式，按下工作触发开关 A，设备进入工作状态，再次按下工作触发开关 A，设备不会退出工作状态，直至单次工作时间结束，才退出到待机状态；

（2）B 模式，按下工作触发开关 B，设备进入工作状态，再次按下工作触发开关 B，设备退到待机状态，设备的单次工作时间恢复至设置的时

间值。（图 8 – 9）

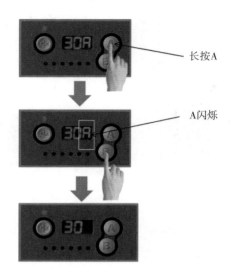

长按A

A闪烁

图 8 – 9　A、B 模式切换

（3）设备进入待机状态后，长按 A 按键直到数码显示管上显示工作模式的字母开始闪烁后松手，松手后数码显示管上显示工作模式的字母消息，此时进入 A 模式工作时间设置阶段；B 模式用同样方法按 B 按键切换。

第二节　手持式无人机反制设备介绍与使用

一、基本参数

单兵手持式无人机反制设备见图 8 – 10。

图 8 – 10　单兵手持式无人机反制设备

（1）外形尺寸：长 430 mm × 宽 85 mm × 高 72 mm；

（2）主机重量：1.74 kg（含电池）；

（3）连续工作时间：≥60 min；

（4）使用环境温度：−10 ℃~40 ℃；

（5）覆盖频率范围：0.900~0.930 GHz、1.570~1.580 GHz、2.400~2.490 GHz、5.720~5.845 GHz（以上频段误差不超过±0.005 GHz）；

（6）有效干扰距离：≥800 m（因电磁特性，干扰距离会根据周围环境而有所增减）；

（7）防护等级：IP55。

二、功能区介绍

1. 手持式反制设备功能区（图8–11）

①无线电天线区　②操控区　③安装电池区

图8–11　手持式反制设备功能区

2. 操作区（图8–12）

①工作模式选择按钮　②电池电量显示　③电源开关按键

图8–12　手持式反制设备操作区

三、操作方法

1. 安装设备电源
手持仪器，将电池插入主机。（图8–13）

图 8 – 13　设备安装

2. 开启设备总电源

按下电源开关即可对设备加电（电量指示灯全亮表示电池电量满，最后一个红灯亮表示电池电量低，需尽快充电）。（图 8 – 14）

图 8 – 14　开启设备总电源

3. 选择设备工作模式

干扰系统有迫降和返航两种工作模式，工作模式开关的指向位置对应设备开启后的迫降或返航反制功能。（图 8 – 15）

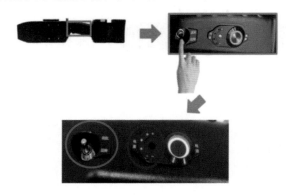

图 8 – 15　选择设备工作模式

（1）打击目标无人机

当发现可疑无人机后，将此反制设备指向无人机飞行方向。（图8-16）

图8-16　瞄准目标方向

按下发射按钮即可启动设备反制功能（考虑到电磁污染问题，防止误按导致设备一直工作，使用时须一直按住开关），使目标迫降（原地降落）或者返航（驱离）。（图8-17）

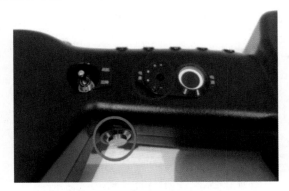

图8-17　打击目标无人机

（2）关闭设备电源

设备使用完毕，关闭电池电源开关（按动电源开关，电量指示灯熄灭）。（图8-18）

图8-18　关闭设备电源

第三节　枪式设备介绍与使用

一、枪式设备功能区（图8-19）

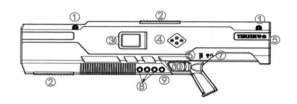

①背带固定孔　②皮卡汀导轨　③屏幕　④功能按键　⑤电池、SIM卡安装孔和电源接口
⑥USB口　⑦耳机口　⑧频段选择按键　⑨电源开关　⑩发射扳机

图8-19　TDD-DCPX1-AB-HHN1A枪式设备功能区

二、操作说明

1. 开机启动

按下电源开关，进入开机界面，等待约15秒后即可进入主界面。（图8-20）

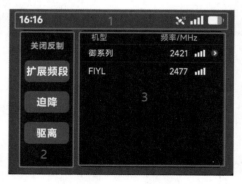

图8-20　开机后设备主界面

主界面共分为三个部分，分别为设备状态区（1）、反制状态显示区（2）、探测信息显示区（3），详细介绍如下。

（1）设备状态区

此部分从左到右分别显示当前时间、设备自身接收到的卫星星数、4G信号强度和电量。

注：当 SIM 卡没有接收到信号、未充值欠费等情况出现时，界面右上角会出现▇。（图 8－21）

图 8－21　主界面 SIM 卡无信号状态

（2）反制状态显示区：此部分显示反制枪的反制模式的状态，分别为关闭反制、扩展频段、迫降、驱离。

（3）探测信息显示区：此部分将显示探测到的无人机相关信息，包括机型、频率、信号强度和是否能进入测向和定位模式的标识。

当探测到的无人机信息后出现红色框中的标识，就代表此无人机可以进入定位模式；

当探测到的无人机信息后出现蓝色框中的标识，就代表此无人机可以进入测向模式。（图 8－22）

机型	频率/MHz	强度
air2s	5796	◪
御系列	2421	◪
FIYL	2477	

图 8－22　定位与测向模式示意图

2. 按键功能

（1）功能按键

按键："设置与确定"按键、"返回"按键以及"上、下"切换按键。（图8－23）

点击"设置与确定"按键会进入设置页面，页内包含告警方式、历史侦测数据和识别灵敏度等参数设置（内容详见"3. 菜单功能"）。如需要跳转到右边的内容调整栏则再次按下"设置与确定"按键，然后按"上、下"按键进行内容切换，最后再点击"设置与确定"按键即可完成内容切换。

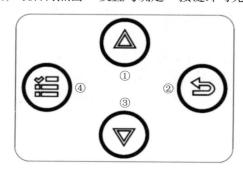

①上　②返回　③下　④设置与确定

图8－23　设备功能按键示意图

注意事项：

在进行内容调整后务必再次点击"设置与确定"按钮完成设置，直接按下"返回"按钮，并不能确认更新；

进入测向模式时，需先点击"下"选中需要测向的无人机，然后点击"设置与确定"按钮进入测向模式；

进入定位模式时，需先点击"下"选中需要定位的无人机，然后点击"设置与确定"按钮进入定位模式。

（2）频段选择及开关按键

此部分包括电源开关、驱离按键、迫降按键和扩展频段按键。按键为自锁开关，如图8－24所示。

按下开关①，即可开启设备；再按下此开关可关闭设备。

按下按键②③④中的一个，即可选中需发射的相应频段，再按下扳机键即可发射；取消发射只需要再次按下对应频段按键将其复位即可。

为了实现更好的打击效果，在按下迫降按钮时，除开启 1.5 GHz 频段外，也会同步开启驱离相关频段。

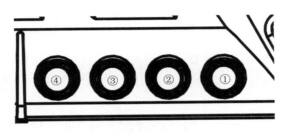

①电源开关　②驱离按键：2.4G/5.2G/5.8G 频段　③迫降按键：1.5G/2.4G/5.2G/5.8G 频段　④扩展频段按键：900M 频段

图 8 - 24　频段选择及开关按键

3. 菜单功能

按"设置与确定"按键，即可进入设置界面，可查看和设置的内容如图 8 - 25 所示。

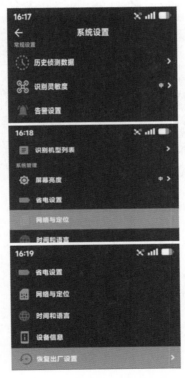

图 8 - 25　可查看和设置的内容

此部分包括历史侦测数据、识别灵敏度、告警设置、识别机型列表、屏幕亮度、省电设置、网络与定位、时间和语言、设备信息和恢复出厂设置等功能。下面进行详细介绍。

（1）历史侦测数据

此部分可以查看设备探测到的无人机相关信息，包括机型、频率及其持续时长。数据根据日期进行分类储存，可以根据日期进行快速查询。（图8-26）

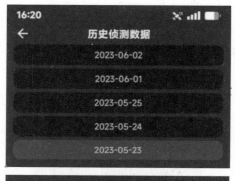

图8-26　历史侦测数据

（2）识别灵敏度

包括高、中、低、微四个选项，用户可根据实际需要自行选择与切换。通常情况下，识别灵敏度越高，可探测识别无人机的距离越远。（图8-27）

（3）告警设置

可设置两种告警模式，包括"静默"和"声音"，用户可根据需求自主选择与切换。（图8-28）

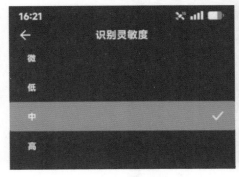

图 8 – 27　识别灵敏度

图 8 – 28　告警设置

（4）识别机型列表

可查看设备侦测到的所有无人机机型，包含品牌、型号及频段。（图 8 – 29）

（5）屏幕亮度

包括高、中、低三个选项，用户可根据实际使用环境，调整设备屏幕亮度。（图 8 – 30）

图 8 – 29　识别机型列表

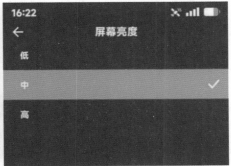

图 8 – 30　屏幕亮度

（6）省电设置

本部分可以通过设置设备屏幕的自动息屏的时长，来提升设备的续航。共有四个选项，常亮、1 分钟、3 分钟和 5 分钟。当设置为 1 分钟时，设备在 1 分钟内无操作同时未探测到无人机，其设备屏幕就会自动变暗，当再次有操作或探测到无人机后，屏幕亮度自动恢复。（图 8 – 31）

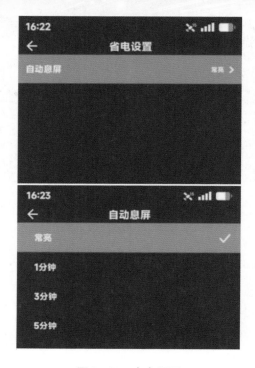

图 8 - 31　省电设置

（7）网络与定位

可以开启或关闭侦测数据回传和街道位置解析功能。（图 8 - 32）

图 8 - 32　网络与定位

开启侦测数据回传，就可以通过 4G 网络将侦测相关数据回传至后端指定管控平台并显示；

开启街道位置解析按钮，就可以在定位界面上显示定位到的无人机和飞手所在位置的地址信息。

注：位置解析功能需保证设备联网，仅在中国使用。

（8）时间和语言

可以设置设备的当前时间、所在时区和显示语言。（图8－33）

图8－33　时间和语言

当前时间：选中"当前时间"板块，点击"设置和确定"按键进入设置，进入界面后，上下键选取后确认，设置完成后按返回键退出。（图8－34）

注：开启"联网后自动校准时间"功能后，设备就可以在联网后自动校准时间。

图8－34　当前时间

时区：选中"时区"板块，即可进入时区设置界面，共有24个时区，按照设备所在地区的时区进行选择，如设备在中国境内，时区应设置为GMT＋08：00。操作方式：上下键选取后确认，设置完成后按返回键退出。（图8－35）

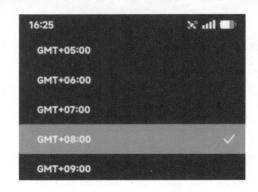

图 8 – 35　时区

语言：选中"语言"板块，即可进入语言设置界面，系统提供多种语言（包括中文、英文、阿拉伯语、法语、俄语和西班牙语等）供选择（图 8 – 36，仅为示例，以实际使用界面为准）。操作方式：上下键选取后确认，设置完成后按返回键退出。

图 8 – 36　语言

（9）设备信息

可以查看设备型号、sim 卡号、探测数据库、固件版本、软件版本和设备序列号。（图 8 – 37）

（10）恢复出厂设置

可以将设备恢复至出厂状态，即清除"历史侦测数据""系统设置"和"其他本机数据"。（图 8 – 38）

共有两种选项"确定并重启"和"取消"，点击"确定并重启"按钮后，设备自动进行重启。

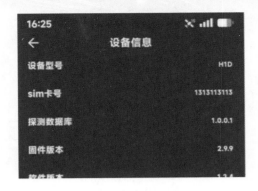

图 8 - 37 设备信息

图 8 - 38 恢复出厂设置

三、电池说明

1. 电池充电说明

电池共有两种充电方式，分别为单独充电和待机充电，下面对两种充电方式进行说明。

注：两种方式充电时，电源适配器均会亮红灯，充满电后会变绿。

（1）单独充电

设备电池为可插拔设计，可以从设备上取下，使用电源适配器进行充电，不过因电源适配器接头和电池接头型号不一致，所以需要使用电源转换器。（图 8 - 39）

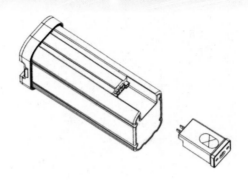

图 8 - 39　单独充电

（2）待机充电

电池也可以在设备上进行充电，只需要将电源适配器连接到电源口即可进行充电。（图 8 - 40）

2. 查看电池电量

设备有电量查看功能，电量采用四级显示，对应显示为绿色光柱。查看电池电量时，只需要按住电量显示按钮，表示电量的光柱就会亮起并显示电量，松开电量显示按钮，光柱熄灭。（图 8 - 41）

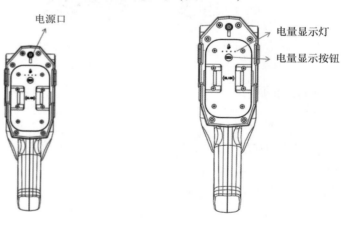

图 8 - 40　待机充电　　　　　　**图 8 - 41　查看电池电量**

四、反制模式使用说明

1. 工作方式

（1）驱离方式

设备压制无人机的遥控和图传频段（即 2.4 GHz、5.2 GHz 和 5.8 GHz），保留 GPS 导航频段（即 1.5 GHz），利用无人机的自动返航功能，强制无人机进入返航状态。该模式工作时要持续进行压制，若无人机返航途中设备停止工作，此时无人机就会恢复遥控和图传信号，操作者即可操作无人机。

（2）迫降方式

设备压制无人机 GPS 频段（即 1.5 GHz）同时开启遥控和图传频段（即 2.4 GHz、5.2 GHz 和 5.8 GHz），无人机呈无方向飘浮状态。若飘浮途中设备停止工作，此时无人机恢复 GPS 信号，操作者即可操作无人机。

2. 操作步骤

第一步：设备侦测到无人机后，会显示无人机相关信息；（图 8 - 42）

第二步：根据侦测结果，按下对应的频段按键，选择对应的打击频段；（图 8 - 43）

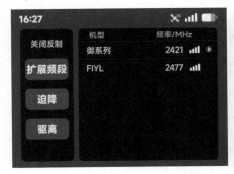

图 8 - 42　显示无人机相关信息

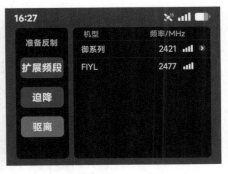

图 8 - 43　选择频段

第三步：将设备指向无人机方向，按下扳机，即可实现管控目的（驱离或迫降），按下扳机后界面上显示开启反制，对应的功能按键会变红。（图 8 - 44）

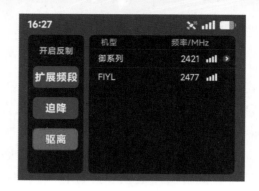

图8-44　进行驱离操作

五、测向模式使用说明

1. 工作方式

设备共有两种测向方式，分别为自动判别方式和人工判别方式，下面对两种方式分别进行介绍。

（1）自动判别方式

进入此模式，设备可对无人机进行测向，自动判别方式的显示界面见图8-45：

图8-45　自动判别方式

①信号强度显示区：此区域可以显示设备所探测到的无人机实时信号强度；

②方位指示区：此箭头指示的是枪头对准的方位；

③信息显示区：此区域显示目前进行测向的无人机的机型和频率；

④罗盘显示区：此区域为一个动态罗盘，以30°为一个刻度，将360°方位分成12格，并顺时针进行标识。以正北方为0°和360°，正东方为90°，正南方为180°，正西方为270°。罗盘用于显示无人机的方位雷达图，标记设备已扫描过的区域。

（2）人工判别方式（默认方式）

进入此模式，设备可对无人机进行人工测向，人工判别方式的显示界面见图8-46：

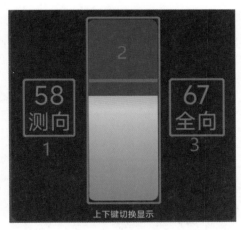

图8-46　人工判别方式

①测向信号强度指示区：此区域显示的为设备内置测向天线所探测到的当前方位的信号强度值；

②动态指示区：此区域为根据信号强度的变化而动态变化，其中蓝色线条随着全向信号强度而变化；渐变色块随着测向信号强度而变化，随着测向信号强度的增加，颜色由绿色向红色变化；

③全向信号强度指示区：此区域显示的为设备内置全向天线所探测到的当前方位的信号强度值。

2. 开启方式

当设备探测到无人机后，在主界面上显示出相关无人机信息，若无人机信息后面有灰底白色箭头形状的标识，即表示此架无人机可进入测向模式。

此时按功能按键中的"下"键选中此无人机，再按"设置与确定"键即可进入测向模式。

想要退出测向模式，只需按"返回"键，即可退回主界面。

测向模式下的两种测向方式，在进入测向模式后按"上"或"下"键即可进行切换；

进入测向模式后默认为"人工判别"方式，按"上"键可切换至"自动判别"方式。

3. 操作步骤

（1）自动判别方式

第一步：在主界面上显示出可测向的无人机后，按照前述说明进入测向模式；（图8-47）

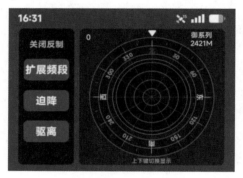

图8-47　进入测向模式

第二步：将设备抬起，使设备枪头与水平面成0~10°夹角，斜指向天空，如图8-48所示；

图8-48　设备使用姿态

第三步：此时开始旋转搜索空中无人机目标，设备会对用户进行引导，对每个方位格扫描时需停留 2 s ~ 4 s。设备扫描过某一区域后，动态罗盘上对应方位会提示（扫描过的方位变成绿色）：（图 8 - 49）

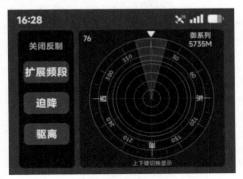

图 8 - 49　搜索空中无人机目标

第四步：设备旋转一周后，会生成雷达图（图 8 - 50），雷达图是由各个方位测得的信号强度计算得来。其中信号强度最大的方位会变红，此方位即为无人机所处方位；

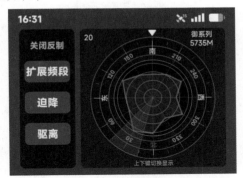

图 8 - 50　雷达图

第五步：将枪头对准无人机所处方位，开启反制模式。（图 8 - 51）

（2）人工判别方式

第一步：将设备抬起，使设备枪头与水平面成 0 ~ 10° 夹角，斜指向天空；

第二步：手持设备旋转，以搜索空中无人机方向，旋转速度要求见图 8 - 52：

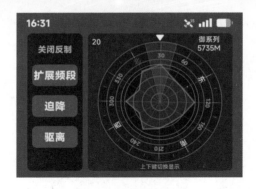

图 8-51　开启反制模式

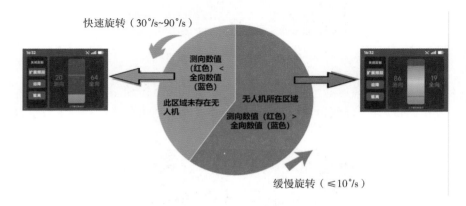

图 8-52　旋转速度要求

详解：当测向信号强度值＜全向信号强度值时（图 8-53），可快速旋转（30°/s～90°/s）；

图 8-53　不存在无人机的区域

当测向信号强度值 > 全向信号强度值时（图8-54），请缓慢旋转（不大于10°/s）；

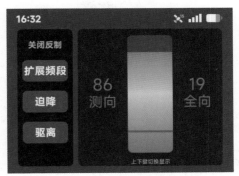

图8-54 无人机所在区域

测向信号强度达到最大值时所指向的方位即为无人机所处方位。

附　录

附录一　无人驾驶航空器飞行管理暂行条例

（2023 年 5 月 31 日，国务院、中央军委公布，
2024 年 1 月 1 日施行）

第一章　总　则

第一条　为了规范无人驾驶航空器飞行以及有关活动，促进无人驾驶航空器产业健康有序发展，维护航空安全、公共安全、国家安全，制定本条例。

第二条　在中华人民共和国境内从事无人驾驶航空器飞行以及有关活动，应当遵守本条例。

本条例所称无人驾驶航空器，是指没有机载驾驶员、自备动力系统的航空器。

无人驾驶航空器按照性能指标分为微型、轻型、小型、中型和大型。

第三条　无人驾驶航空器飞行管理工作应当坚持和加强党的领导，坚持总体国家安全观，坚持安全第一、服务发展、分类管理、协同监管的原则。

第四条　国家空中交通管理领导机构统一领导全国无人驾驶航空器飞行管理工作，组织协调解决无人驾驶航空器管理工作中的重大问题。

国务院民用航空、公安、工业和信息化、市场监督管理等部门按照职责分工负责全国无人驾驶航空器有关管理工作。

县级以上地方人民政府及其有关部门按照职责分工负责本行政区域内无人驾驶航空器有关管理工作。

各级空中交通管理机构按照职责分工负责本责任区内无人驾驶航空器

飞行管理工作。

第五条　国家鼓励无人驾驶航空器科研创新及其成果的推广应用，促进无人驾驶航空器与大数据、人工智能等新技术融合创新。县级以上人民政府及其有关部门应当为无人驾驶航空器科研创新及其成果的推广应用提供支持。

国家在确保安全的前提下积极创新空域供给和使用机制，完善无人驾驶航空器飞行配套基础设施和服务体系。

第六条　无人驾驶航空器有关行业协会应当通过制定、实施团体标准等方式加强行业自律，宣传无人驾驶航空器管理法律法规及有关知识，增强有关单位和人员依法开展无人驾驶航空器飞行以及有关活动的意识。

第二章　民用无人驾驶航空器及操控员管理

第七条　国务院标准化行政主管部门和国务院其他有关部门按照职责分工组织制定民用无人驾驶航空器系统的设计、生产和使用的国家标准、行业标准。

第八条　从事中型、大型民用无人驾驶航空器系统的设计、生产、进口、飞行和维修活动，应当依法向国务院民用航空主管部门申请取得适航许可。

从事微型、轻型、小型民用无人驾驶航空器系统的设计、生产、进口、飞行、维修以及组装、拼装活动，无需取得适航许可，但相关产品应当符合产品质量法律法规的有关规定以及有关强制性国家标准。

从事民用无人驾驶航空器系统的设计、生产、使用活动，应当符合国家有关实名登记激活、飞行区域限制、应急处置、网络信息安全等规定，并采取有效措施减少大气污染物和噪声排放。

第九条　民用无人驾驶航空器系统生产者应当按照国务院工业和信息化主管部门的规定为其生产的无人驾驶航空器设置唯一产品识别码。

微型、轻型、小型民用无人驾驶航空器系统的生产者应当在无人驾驶航空器机体标注产品类型以及唯一产品识别码等信息，在产品外包装显著位置标明守法运行要求和风险警示。

第十条　民用无人驾驶航空器所有者应当依法进行实名登记，具体办法由国务院民用航空主管部门会同有关部门制定。

涉及境外飞行的民用无人驾驶航空器，应当依法进行国籍登记。

第十一条　使用除微型以外的民用无人驾驶航空器从事飞行活动的单位应当具备下列条件，并向国务院民用航空主管部门或者地区民用航空管理机构（以下统称民用航空管理部门）申请取得民用无人驾驶航空器运营合格证（以下简称运营合格证）：

（一）有实施安全运营所需的管理机构、管理人员和符合本条例规定的操控人员；

（二）有符合安全运营要求的无人驾驶航空器及有关设施、设备；

（三）有实施安全运营所需的管理制度和操作规程，保证持续具备按照制度和规程实施安全运营的能力；

（四）从事经营性活动的单位，还应当为营利法人。

民用航空管理部门收到申请后，应当进行运营安全评估，根据评估结果依法作出许可或者不予许可的决定。予以许可的，颁发运营合格证；不予许可的，书面通知申请人并说明理由。

使用最大起飞重量不超过 150 千克的农用无人驾驶航空器在农林牧渔区域上方的适飞空域内从事农林牧渔作业飞行活动（以下称常规农用无人驾驶航空器作业飞行活动），无需取得运营合格证。

取得运营合格证后从事经营性通用航空飞行活动，以及从事常规农用无人驾驶航空器作业飞行活动，无需取得通用航空经营许可证和运行合格证。

第十二条　使用民用无人驾驶航空器从事经营性飞行活动，以及使用小型、中型、大型民用无人驾驶航空器从事非经营性飞行活动，应当依法投保责任保险。

第十三条　微型、轻型、小型民用无人驾驶航空器系统投放市场后，发现存在缺陷的，其生产者、进口商应当停止生产、销售，召回缺陷产品，并通知有关经营者、使用者停止销售、使用。生产者、进口商未依法实施召回的，由国务院市场监督管理部门依法责令召回。

中型、大型民用无人驾驶航空器系统不能持续处于适航状态的，由国务院民用航空主管部门依照有关适航管理的规定处理。

第十四条　对已经取得适航许可的民用无人驾驶航空器系统进行重大设计更改并拟将其用于飞行活动的，应当重新申请取得适航许可。

对微型、轻型、小型民用无人驾驶航空器系统进行改装的，应当符合有关强制性国家标准。民用无人驾驶航空器系统的空域保持能力、可靠被监视能力、速度或者高度等出厂性能以及参数发生改变的，其所有者应当及时在无人驾驶航空器一体化综合监管服务平台更新性能、参数信息。

改装民用无人驾驶航空器的，应当遵守改装后所属类别的管理规定。

第十五条　生产、维修、使用民用无人驾驶航空器系统，应当遵守无线电管理法律法规以及国家有关规定。但是，民用无人驾驶航空器系统使用国家无线电管理机构确定的特定无线电频率，且有关无线电发射设备取得无线电发射设备型号核准的，无需取得无线电频率使用许可和无线电台执照。

第十六条　操控小型、中型、大型民用无人驾驶航空器飞行的人员应当具备下列条件，并向国务院民用航空主管部门申请取得相应民用无人驾驶航空器操控员（以下简称操控员）执照：

（一）具备完全民事行为能力；

（二）接受安全操控培训，并经民用航空管理部门考核合格；

（三）无可能影响民用无人驾驶航空器操控行为的疾病病史，无吸毒行为记录；

（四）近5年内无因危害国家安全、公共安全或者侵犯公民人身权利、扰乱公共秩序的故意犯罪受到刑事处罚的记录。

从事常规农用无人驾驶航空器作业飞行活动的人员无需取得操控员执照，但应当由农用无人驾驶航空器系统生产者按照国务院民用航空、农业农村主管部门规定的内容进行培训和考核，合格后取得操作证书。

第十七条　操控微型、轻型民用无人驾驶航空器飞行的人员，无需取得操控员执照，但应当熟练掌握有关机型操作方法，了解风险警示信息和有关管理制度。

无民事行为能力人只能操控微型民用无人驾驶航空器飞行，限制民事行为能力人只能操控微型、轻型民用无人驾驶航空器飞行。无民事行为能力人操控微型民用无人驾驶航空器飞行或者限制民事行为能力人操控轻型民用无人驾驶航空器飞行，应当由符合前款规定条件的完全民事行为能力人现场指导。

操控轻型民用无人驾驶航空器在无人驾驶航空器管制空域内飞行的人

员，应当具有完全民事行为能力，并按照国务院民用航空主管部门的规定经培训合格。

第三章　空域和飞行活动管理

第十八条　划设无人驾驶航空器飞行空域应当遵循统筹配置、安全高效原则，以隔离飞行为主，兼顾融合飞行需求，充分考虑飞行安全和公众利益。

划设无人驾驶航空器飞行空域应当明确水平、垂直范围和使用时间。

空中交通管理机构应当为无人驾驶航空器执行军事、警察、海关、应急管理飞行任务优先划设空域。

第十九条　国家根据需要划设无人驾驶航空器管制空域（以下简称管制空域）。

真高120米以上空域，空中禁区、空中限制区以及周边空域，军用航空超低空飞行空域，以及下列区域上方的空域应当划设为管制空域：

（一）机场以及周边一定范围的区域；

（二）国界线、实际控制线、边境线向我方一侧一定范围的区域；

（三）军事禁区、军事管理区、监管场所等涉密单位以及周边一定范围的区域；

（四）重要军工设施保护区域、核设施控制区域、易燃易爆等危险品的生产和仓储区域，以及可燃重要物资的大型仓储区域；

（五）发电厂、变电站、加油（气）站、供水厂、公共交通枢纽、航电枢纽、重大水利设施、港口、高速公路、铁路电气化线路等公共基础设施以及周边一定范围的区域和饮用水水源保护区；

（六）射电天文台、卫星测控（导航）站、航空无线电导航台、雷达站等需要电磁环境特殊保护的设施以及周边一定范围的区域；

（七）重要革命纪念地、重要不可移动文物以及周边一定范围的区域；

（八）国家空中交通管理领导机构规定的其他区域。

管制空域的具体范围由各级空中交通管理机构按照国家空中交通管理领导机构的规定确定，由设区的市级以上人民政府公布，民用航空管理部门和承担相应职责的单位发布航行情报。

未经空中交通管理机构批准，不得在管制空域内实施无人驾驶航空器飞行活动。

管制空域范围以外的空域为微型、轻型、小型无人驾驶航空器的适飞空域（以下简称适飞空域）。

第二十条 遇有特殊情况，可以临时增加管制空域，由空中交通管理机构按照国家有关规定确定有关空域的水平、垂直范围和使用时间。

保障国家重大活动以及其他大型活动的，在临时增加的管制空域生效24小时前，由设区的市级以上地方人民政府发布公告，民用航空管理部门和承担相应职责的单位发布航行情报。

保障执行军事任务或者反恐维稳、抢险救灾、医疗救护等其他紧急任务的，在临时增加的管制空域生效30分钟前，由设区的市级以上地方人民政府发布紧急公告，民用航空管理部门和承担相应职责的单位发布航行情报。

第二十一条 按照国家空中交通管理领导机构的规定需要设置管制空域的地面警示标志的，设区的市级人民政府应当组织设置并加强日常巡查。

第二十二条 无人驾驶航空器通常应当与有人驾驶航空器隔离飞行。

属于下列情形之一的，经空中交通管理机构批准，可以进行融合飞行：

（一）根据任务或者飞行课目需要，警察、海关、应急管理部门辖有的无人驾驶航空器与本部门、本单位使用的有人驾驶航空器在同一空域或者同一机场区域的飞行；

（二）取得适航许可的大型无人驾驶航空器的飞行；

（三）取得适航许可的中型无人驾驶航空器不超过真高300米的飞行；

（四）小型无人驾驶航空器不超过真高300米的飞行；

（五）轻型无人驾驶航空器在适飞空域上方不超过真高300米的飞行。

属于下列情形之一的，进行融合飞行无需经空中交通管理机构批准：

（一）微型、轻型无人驾驶航空器在适飞空域内的飞行；

（二）常规农用无人驾驶航空器作业飞行活动。

第二十三条 国家空中交通管理领导机构统筹建设无人驾驶航空器一体化综合监管服务平台，对全国无人驾驶航空器实施动态监管与服务。

空中交通管理机构和民用航空、公安、工业和信息化等部门、单位按照职责分工采集无人驾驶航空器生产、登记、使用的有关信息，依托无人驾驶航空器一体化综合监管服务平台共享，并采取相应措施保障信息安全。

第二十四条　除微型以外的无人驾驶航空器实施飞行活动，操控人员应当确保无人驾驶航空器能够按照国家有关规定向无人驾驶航空器一体化综合监管服务平台报送识别信息。

微型、轻型、小型无人驾驶航空器在飞行过程中应当广播式自动发送识别信息。

第二十五条　组织无人驾驶航空器飞行活动的单位或者个人应当遵守有关法律法规和规章制度，主动采取事故预防措施，对飞行安全承担主体责任。

第二十六条　除本条例第三十一条另有规定外，组织无人驾驶航空器飞行活动的单位或者个人应当在拟飞行前 1 日 12 时前向空中交通管理机构提出飞行活动申请。空中交通管理机构应当在飞行前 1 日 21 时前作出批准或者不予批准的决定。

按照国家空中交通管理领导机构的规定在固定空域内实施常态飞行活动的，可以提出长期飞行活动申请，经批准后实施，并应当在拟飞行前 1 日 12 时前将飞行计划报空中交通管理机构备案。

第二十七条　无人驾驶航空器飞行活动申请应当包括下列内容：

（一）组织飞行活动的单位或者个人、操控人员信息以及有关资质证书；

（二）无人驾驶航空器的类型、数量、主要性能指标和登记管理信息；

（三）飞行任务性质和飞行方式，执行国家规定的特殊通用航空飞行任务的还应当提供有效的任务批准文件；

（四）起飞、降落和备降机场（场地）；

（五）通信联络方法；

（六）预计飞行开始、结束时刻；

（七）飞行航线、高度、速度和空域范围，进出空域方法；

（八）指挥控制链路无线电频率以及占用带宽；

（九）通信、导航和被监视能力；

（十）安装二次雷达应答机或者有关自动监视设备的，应当注明代码申请；

（十一）应急处置程序；

（十二）特殊飞行保障需求；

（十三）国家空中交通管理领导机构规定的与空域使用和飞行安全有关的其他必要信息。

第二十八条　无人驾驶航空器飞行活动申请按照下列权限批准：

（一）在飞行管制分区内飞行的，由负责该飞行管制分区的空中交通管理机构批准；

（二）超出飞行管制分区在飞行管制区内飞行的，由负责该飞行管制区的空中交通管理机构批准；

（三）超出飞行管制区飞行的，由国家空中交通管理领导机构授权的空中交通管理机构批准。

第二十九条　使用无人驾驶航空器执行反恐维稳、抢险救灾、医疗救护等紧急任务的，应当在计划起飞30分钟前向空中交通管理机构提出飞行活动申请。空中交通管理机构应当在起飞10分钟前作出批准或者不予批准的决定。执行特别紧急任务的，使用单位可以随时提出飞行活动申请。

第三十条　飞行活动已获得批准的单位或者个人组织无人驾驶航空器飞行活动的，应当在计划起飞1小时前向空中交通管理机构报告预计起飞时刻和准备情况，经空中交通管理机构确认后方可起飞。

第三十一条　组织无人驾驶航空器实施下列飞行活动，无需向空中交通管理机构提出飞行活动申请：

（一）微型、轻型、小型无人驾驶航空器在适飞空域内的飞行活动；

（二）常规农用无人驾驶航空器作业飞行活动；

（三）警察、海关、应急管理部门辖有的无人驾驶航空器，在其驻地、地面（水面）训练场、靶场等上方不超过真高120米的空域内的飞行活动；但是，需在计划起飞1小时前经空中交通管理机构确认后方可起飞；

（四）民用无人驾驶航空器在民用运输机场管制地带内执行巡检、勘察、校验等飞行任务；但是，需定期报空中交通管理机构备案，并在计划起飞1小时前经空中交通管理机构确认后方可起飞。

前款规定的飞行活动存在下列情形之一的，应当依照本条例第二十六条的规定提出飞行活动申请：

（一）通过通信基站或者互联网进行无人驾驶航空器中继飞行；

（二）运载危险品或者投放物品（常规农用无人驾驶航空器作业飞行活动除外）；

（三）飞越集会人群上空；

（四）在移动的交通工具上操控无人驾驶航空器；

（五）实施分布式操作或者集群飞行。

微型、轻型无人驾驶航空器在适飞空域内飞行的，无需取得特殊通用航空飞行任务批准文件。

第三十二条　操控无人驾驶航空器实施飞行活动，应当遵守下列行为规范：

（一）依法取得有关许可证书、证件，并在实施飞行活动时随身携带备查；

（二）实施飞行活动前做好安全飞行准备，检查无人驾驶航空器状态，并及时更新电子围栏等信息；

（三）实时掌握无人驾驶航空器飞行动态，实施需经批准的飞行活动应当与空中交通管理机构保持通信联络畅通，服从空中交通管理，飞行结束后及时报告；

（四）按照国家空中交通管理领导机构的规定保持必要的安全间隔；

（五）操控微型无人驾驶航空器的，应当保持视距内飞行；

（六）操控小型无人驾驶航空器在适飞空域内飞行的，应当遵守国家空中交通管理领导机构关于限速、通信、导航等方面的规定；

（七）在夜间或者低能见度气象条件下飞行的，应当开启灯光系统并确保其处于良好工作状态；

（八）实施超视距飞行的，应当掌握飞行空域内其他航空器的飞行动态，采取避免相撞的措施；

（九）受到酒精类饮料、麻醉剂或者其他药物影响时，不得操控无人驾驶航空器；

（十）国家空中交通管理领导机构规定的其他飞行活动行为规范。

第三十三条　操控无人驾驶航空器实施飞行活动，应当遵守下列避让规则：

（一）避让有人驾驶航空器、无动力装置的航空器以及地面、水上交通工具；

（二）单架飞行避让集群飞行；

（三）微型无人驾驶航空器避让其他无人驾驶航空器；

（四）国家空中交通管理领导机构规定的其他避让规则。

第三十四条 禁止利用无人驾驶航空器实施下列行为：

（一）违法拍摄军事设施、军工设施或者其他涉密场所；

（二）扰乱机关、团体、企业、事业单位工作秩序或者公共场所秩序；

（三）妨碍国家机关工作人员依法执行职务；

（四）投放含有违反法律法规规定内容的宣传品或者其他物品；

（五）危及公共设施、单位或者个人财产安全；

（六）危及他人生命健康，非法采集信息，或者侵犯他人其他人身权益；

（七）非法获取、泄露国家秘密，或者违法向境外提供数据信息；

（八）法律法规禁止的其他行为。

第三十五条 使用民用无人驾驶航空器从事测绘活动的单位依法取得测绘资质证书后，方可从事测绘活动。

外国无人驾驶航空器或者由外国人员操控的无人驾驶航空器不得在我国境内实施测绘、电波参数测试等飞行活动。

第三十六条 模型航空器应当在空中交通管理机构为航空飞行营地划定的空域内飞行，但国家空中交通管理领导机构另有规定的除外。

第四章 监督管理和应急处置

第三十七条 国家空中交通管理领导机构应当组织有关部门、单位在无人驾驶航空器一体化综合监管服务平台上向社会公布审批事项、申请办理流程、受理单位、联系方式、举报受理方式等信息并及时更新。

第三十八条 任何单位或者个人发现违反本条例规定行为的，可以向空中交通管理机构、民用航空管理部门或者当地公安机关举报。收到举报的部门、单位应当及时依法作出处理；不属于本部门、本单位职责的，应当及时移送有权处理的部门、单位。

第三十九条 空中交通管理机构、民用航空管理部门以及县级以上公安机关应当制定有关无人驾驶航空器飞行安全管理的应急预案，定期演练，提高应急处置能力。

县级以上地方人民政府应当将无人驾驶航空器安全应急管理纳入突发事件应急管理体系，健全信息互通、协同配合的应急处置工作机制。

无人驾驶航空器系统的设计者、生产者，应当确保无人驾驶航空器具备紧急避让、降落等应急处置功能，避免或者减轻无人驾驶航空器发生事故时对生命财产的损害。

使用无人驾驶航空器的单位或者个人应当按照有关规定，制定飞行紧急情况处置预案，落实风险防范措施，及时消除安全隐患。

第四十条 无人驾驶航空器飞行发生异常情况时，组织飞行活动的单位或者个人应当及时处置，服从空中交通管理机构的指令；导致发生飞行安全问题的，组织飞行活动的单位或者个人还应当在无人驾驶航空器降落后24小时内向空中交通管理机构报告有关情况。

第四十一条 对空中不明情况和无人驾驶航空器违规飞行，公安机关在条件有利时可以对低空目标实施先期处置，并负责违规飞行无人驾驶航空器落地后的现场处置。有关军事机关、公安机关、国家安全机关等单位按职责分工组织查证处置，民用航空管理等其他有关部门应当予以配合。

第四十二条 无人驾驶航空器违反飞行管理规定、扰乱公共秩序或者危及公共安全的，空中交通管理机构、民用航空管理部门和公安机关可以依法采取必要技术防控、扣押有关物品、责令停止飞行、查封违法活动场所等紧急处置措施。

第四十三条 军队、警察以及按照国家反恐怖主义工作领导机构有关规定由公安机关授权的高风险反恐怖重点目标管理单位，可以依法配备无人驾驶航空器反制设备，在公安机关或者有关军事机关的指导监督下从严控制设置和使用。

无人驾驶航空器反制设备配备、设置、使用以及授权管理办法，由国务院工业和信息化、公安、国家安全、市场监督管理部门会同国务院有关部门、有关军事机关制定。

任何单位或者个人不得非法拥有、使用无人驾驶航空器反制设备。

第五章 法律责任

第四十四条 违反本条例规定，从事中型、大型民用无人驾驶航空器系统的设计、生产、进口、飞行和维修活动，未依法取得适航许可的，由民用航空管理部门责令停止有关活动，没收违法所得，并处无人驾驶航空器系统货值金额 1 倍以上 5 倍以下的罚款；情节严重的，责令停业整顿。

第四十五条　违反本条例规定，民用无人驾驶航空器系统生产者未按照国务院工业和信息化主管部门的规定为其生产的无人驾驶航空器设置唯一产品识别码的，由县级以上人民政府工业和信息化主管部门责令改正，没收违法所得，并处 3 万元以上 30 万元以下的罚款；拒不改正的，责令停业整顿。

第四十六条　违反本条例规定，对已经取得适航许可的民用无人驾驶航空器系统进行重大设计更改，未重新申请取得适航许可并将其用于飞行活动的，由民用航空管理部门责令改正，处无人驾驶航空器系统货值金额 1 倍以上 5 倍以下的罚款。

违反本条例规定，改变微型、轻型、小型民用无人驾驶航空器系统的空域保持能力、可靠被监视能力、速度或者高度等出厂性能以及参数，未及时在无人驾驶航空器一体化综合监管服务平台更新性能、参数信息的，由民用航空管理部门责令改正；拒不改正的，处 2000 元以上 2 万元以下的罚款。

第四十七条　违反本条例规定，民用无人驾驶航空器未经实名登记实施飞行活动的，由公安机关责令改正，可以处 200 元以下的罚款；情节严重的，处 2000 元以上 2 万元以下的罚款。

违反本条例规定，涉及境外飞行的民用无人驾驶航空器未依法进行国籍登记的，由民用航空管理部门责令改正，处 1 万元以上 10 万元以下的罚款。

第四十八条　违反本条例规定，民用无人驾驶航空器未依法投保责任保险的，由民用航空管理部门责令改正，处 2000 元以上 2 万元以下的罚款；情节严重的，责令从事飞行活动的单位停业整顿直至吊销其运营合格证。

第四十九条　违反本条例规定，未取得运营合格证或者违反运营合格证的要求实施飞行活动的，由民用航空管理部门责令改正，处 5 万元以上 50 万元以下的罚款；情节严重的，责令停业整顿直至吊销其运营合格证。

第五十条　无民事行为能力人、限制民事行为能力人违反本条例规定操控民用无人驾驶航空器飞行的，由公安机关对其监护人处 500 元以上 5000 元以下的罚款；情节严重的，没收实施违规飞行的无人驾驶航空器。

违反本条例规定，未取得操控员执照操控民用无人驾驶航空器飞行的，由民用航空管理部门处 5000 元以上 5 万元以下的罚款；情节严重的，处 1 万元以上 10 万元以下的罚款。

违反本条例规定，超出操控员执照载明范围操控民用无人驾驶航空器飞行的，由民用航空管理部门处 2000 元以上 2 万元以下的罚款，并处暂扣操控员执照 6 个月至 12 个月；情节严重的，吊销其操控员执照，2 年内不受理其操控员执照申请。

违反本条例规定，未取得操作证书从事常规农用无人驾驶航空器作业飞行活动的，由县级以上地方人民政府农业农村主管部门责令停止作业，并处 1000 元以上 1 万元以下的罚款。

第五十一条 组织飞行活动的单位或者个人违反本条例第三十二条、第三十三条规定的，由民用航空管理部门责令改正，可以处 1 万元以下的罚款；拒不改正的，处 1 万元以上 5 万元以下的罚款，并处暂扣运营合格证、操控员执照 1 个月至 3 个月；情节严重的，由空中交通管理机构责令停止飞行 6 个月至 12 个月，由民用航空管理部门处 5 万元以上 10 万元以下的罚款，并可以吊销相应许可证件，2 年内不受理其相应许可申请。

违反本条例规定，未经批准操控微型、轻型、小型民用无人驾驶航空器在管制空域内飞行，或者操控模型航空器在空中交通管理机构划定的空域外飞行的，由公安机关责令停止飞行，可以处 500 元以下的罚款；情节严重的，没收实施违规飞行的无人驾驶航空器，并处 1000 元以上 1 万元以下的罚款。

第五十二条 违反本条例规定，非法拥有、使用无人驾驶航空器反制设备的，由无线电管理机构、公安机关按照职责分工予以没收，可以处 5 万元以下的罚款；情节严重的，处 5 万元以上 20 万元以下的罚款。

第五十三条 违反本条例规定，外国无人驾驶航空器或者由外国人员操控的无人驾驶航空器在我国境内实施测绘飞行活动的，由县级以上人民政府测绘地理信息主管部门责令停止违法行为，没收违法所得、测绘成果和实施违规飞行的无人驾驶航空器，并处 10 万元以上 50 万元以下的罚款；情节严重的，并处 50 万元以上 100 万元以下的罚款，由公安机关、国家安全机关按照职责分工决定限期出境或者驱逐出境。

第五十四条 生产、改装、组装、拼装、销售和召回微型、轻型、小型民用无人驾驶航空器系统，违反产品质量或者标准化管理等有关法律法规的，由县级以上人民政府市场监督管理部门依法处罚。

除根据本条例第十五条的规定无需取得无线电频率使用许可和无线电台执照的情形以外，生产、维修、使用民用无人驾驶航空器系统，违反无线电管理法律法规以及国家有关规定的，由无线电管理机构依法处罚。

无人驾驶航空器飞行活动违反军事设施保护法律法规的，依照有关法律法规的规定执行。

第五十五条 违反本条例规定，有关部门、单位及其工作人员在无人驾驶航空器飞行以及有关活动的管理工作中滥用职权、玩忽职守、徇私舞弊或者有其他违法行为的，依法给予处分。

第五十六条 违反本条例规定，构成违反治安管理行为的，由公安机关依法给予治安管理处罚；构成犯罪的，依法追究刑事责任；造成人身、财产或者其他损害的，依法承担民事责任。

第六章　附　则

第五十七条 在我国管辖的其他空域内实施无人驾驶航空器飞行活动，应当遵守本条例的有关规定。

无人驾驶航空器在室内飞行不适用本条例。

自备动力系统的飞行玩具适用本条例的有关规定，具体办法由国务院工业和信息化主管部门、有关空中交通管理机构会同国务院公安、民用航空主管部门制定。

第五十八条 无人驾驶航空器飞行以及有关活动，本条例没有规定的，适用《中华人民共和国民用航空法》《中华人民共和国飞行基本规则》《通用航空飞行管制条例》以及有关法律、行政法规。

第五十九条 军用无人驾驶航空器的管理，国务院、中央军事委员会另有规定的，适用其规定。

警察、海关、应急管理部门配有的无人驾驶航空器的适航、登记、操控员等事项的管理办法，由国务院有关部门另行制定。

第六十条 模型航空器的分类、生产、登记、操控人员、航空飞行营地等事项的管理办法，由国务院体育主管部门会同有关空中交通管理机构，国务院工业和信息化、公安、民用航空主管部门另行制定。

第六十一条　本条例施行前生产的民用无人驾驶航空器不能按照国家有关规定自动向无人驾驶航空器一体化综合监管服务平台报送识别信息的，实施飞行活动应当依照本条例的规定向空中交通管理机构提出飞行活动申请，经批准后方可飞行。

第六十二条　本条例下列用语的含义：

（一）空中交通管理机构，是指军队和民用航空管理部门内负责有关责任区空中交通管理的机构。

（二）微型无人驾驶航空器，是指空机重量小于 0.25 千克，最大飞行真高不超过 50 米，最大平飞速度不超过 40 千米/时，无线电发射设备符合微功率短距离技术要求，全程可以随时人工介入操控的无人驾驶航空器。

（三）轻型无人驾驶航空器，是指空机重量不超过 4 千克且最大起飞重量不超过 7 千克，最大平飞速度不超过 100 千米/时，具备符合空域管理要求的空域保持能力和可靠被监视能力，全程可以随时人工介入操控的无人驾驶航空器，但不包括微型无人驾驶航空器。

（四）小型无人驾驶航空器，是指空机重量不超过 15 千克且最大起飞重量不超过 25 千克，具备符合空域管理要求的空域保持能力和可靠被监视能力，全程可以随时人工介入操控的无人驾驶航空器，但不包括微型、轻型无人驾驶航空器。

（五）中型无人驾驶航空器，是指最大起飞重量不超过 150 千克的无人驾驶航空器，但不包括微型、轻型、小型无人驾驶航空器。

（六）大型无人驾驶航空器，是指最大起飞重量超过 150 千克的无人驾驶航空器。

（七）无人驾驶航空器系统，是指无人驾驶航空器以及与其有关的遥控台（站）、任务载荷和控制链路等组成的系统。其中，遥控台（站）是指遥控无人驾驶航空器的各种操控设备（手段）以及有关系统组成的整体。

（八）农用无人驾驶航空器，是指最大飞行真高不超过 30 米，最大平飞速度不超过 50 千米/时，最大飞行半径不超过 2000 米，具备空域保持能力和可靠被监视能力，专门用于植保、播种、投饵等农林牧渔作业，全程可以随时人工介入操控的无人驾驶航空器。

（九）隔离飞行，是指无人驾驶航空器与有人驾驶航空器不同时在同一空域内的飞行。

（十）融合飞行，是指无人驾驶航空器与有人驾驶航空器同时在同一空域内的飞行。

（十一）分布式操作，是指把无人驾驶航空器系统操作分解为多个子业务，部署在多个站点或者终端进行协同操作的模式。

（十二）集群，是指采用具备多台无人驾驶航空器操控能力的同一系统或者平台，为了处理同一任务，以各无人驾驶航空器操控数据互联协同处理为特征，在同一时间内并行操控多台无人驾驶航空器以相对物理集中的方式进行飞行的无人驾驶航空器运行模式。

（十三）模型航空器，也称航空模型，是指有尺寸和重量限制，不能载人，不具有高度保持和位置保持飞行功能的无人驾驶航空器，包括自由飞、线控、直接目视视距内人工不间断遥控、借助第一视角人工不间断遥控的模型航空器等。

（十四）无人驾驶航空器反制设备，是指专门用于防控无人驾驶航空器违规飞行，具有干扰、截控、捕获、摧毁等功能的设备。

（十五）空域保持能力，是指通过电子围栏等技术措施控制无人驾驶航空器的高度与水平范围的能力。

第六十三条 本条例自 2024 年 1 月 1 日起施行。

附录二 轻小无人机运行规定 （试行）

（2015 年 12 月 29 日，中国民用航空局下发）

1 目的

近年来，民用无人机的生产和应用在国内外蓬勃发展，特别是低空、慢速、微轻小型无人机数量快速增加，占到民用无人机的绝大多数。为了规范此类民用无人机的运行，依据 CCAR-91 部，发布本咨询通告。

2 适用范围及分类

本咨询通告适用范围包括：

2.1 可在视距内或视距外操作的、空机重量小于等于 116 千克、起飞全重不大于 150 千克的无人机，校正空速不超过 100 千米每小时；

2.2 起飞全重不超过 5700 千克，距受药面高度不超过 15 米的植保类无人机；

2.3 充气体积在 4600 立方米以下的无人飞艇；

2.4 适用无人机运行管理分类：

分类	空机重量（千克）	起飞全重（千克）
Ⅰ	$0 < W \leqslant 1.5$	
Ⅱ	$1.5 < W \leqslant 4$	$1.5 < W \leqslant 7$
Ⅲ	$4 < W \leqslant 15$	$7 < W \leqslant 25$
Ⅳ	$15 < W \leqslant 116$	$25 < W \leqslant 150$
Ⅴ	植保类无人机	
Ⅵ	无人飞艇	
Ⅶ	可 100 米之外超视距运行的 Ⅰ、Ⅱ类无人机	

注1：实际运行中，Ⅰ、Ⅱ、Ⅲ、Ⅳ类分类有交叉时，按照较高要求的一类分类。
注2：对于串、并列运行或者编队运行的无人机，按照总重量分类。
注3：地方政府（例如当地公安部门）对于Ⅰ、Ⅱ类无人机重量界限低于本表规定的，以地方政府的具体要求为准。

2.5 Ⅰ类无人机使用者应安全使用无人机，避免对他人造成伤害，不必按照本咨询通告后续规定管理。

2.6 本咨询通告不适用于无线电操作的航空模型，但当航空模型使用了自动驾驶仪、指令与控制数据链路或自主飞行设备时，应按照本咨询通告管理。

2.7 本咨询通告不适用于室内、拦网内等隔离空间运行无人机，但当该场所有聚集人群时，操作者应采取措施确保人员安全。

3 定义

3.1 无人机（UA：Unmanned Aircraft），是由控制站管理（包括远程操纵或自主飞行）的航空器，也称远程驾驶航空器（RPA：Remotely Piloted Aircraft）。

3.2 无人机系统（UAS：Unmanned Aircraft System），也称远程驾驶航空器系统（RPAS：Remotely Piloted Aircraft Systems），是指由无人机、相关控制站、所需的指令与控制数据链路以及批准的型号设计规定的任何其他部件组成的系统。

3.3 无人机系统驾驶员，由运营人指派对无人机的运行负有必不可少责任并在飞行期间适时操纵无人机的人。

3.4 无人机系统的机长，是指在系统运行时间内负责整个无人机系统运行和安全的驾驶员。

3.5 无人机观测员，由运营人指定的训练有素的人员，通过目视观测无人机，协助无人机驾驶员安全实施飞行。

3.6 运营人，是指从事或拟从事航空器运营的个人、组织或者企业。

3.7 控制站（也称遥控站、地面站），无人机系统的组成部分，包括用于操纵无人机的设备。

3.8 指令与控制数据链路（C2：Command and Control data link），是指无人机和控制站之间为飞行管理之目的的数据链接。

3.9 视距内运行（VLOS：Visual Line of Sight Operations），无人机驾驶员或无人机观测员与无人机保持直接目视视觉接触的操作方式，航空器处于驾驶员或观测员目视视距内半径 500 米，相对高度低于 120 米的区域内。

3.10 超视距运行（BVLOS：Beyond VLOS），无人机在目视视距以外的运行。

3.11 融合空域，是指有其他航空器同时运行的空域。

3.12 隔离空域，是指专门分配给无人机系统运行的空域，通过限制其他航空器的进入以规避碰撞风险。

3.13 人口稠密区，是指城镇、村庄、繁忙道路或大型露天集会场所等区域。

3.14 重点地区，是指军事重地、核电站和行政中心等关乎国家安全的区域及周边，或地方政府临时划设的区域。

3.15 机场净空区，也称机场净空保护区域，是指为保护航空器起飞、飞行和降落安全，根据民用机场净空障碍物限制图要求划定的空间范围。

3.16 空机重量，是指不包含载荷和燃料的无人机重量，该重量包含燃料容器和电池等固体装置。

3.17 无人机云系统（简称无人机云），是指轻小型民用无人机运行动态数据库系统，用于向无人机用户提供航行服务、气象服务等，对民用无人机运行数据（包括运营信息、位置、高度和速度等）进行实时监测。接入系统的无人机应即时上传飞行数据，无人机云系统对侵入电子围栏的无人机具有报警功能。

3.18 电子围栏，是指为阻挡即将侵入特定区域的航空器，在相应电子地理范围中画出特定区域，并配合飞行控制系统、保障区域安全的软硬件系统。

3.19 主动反馈系统，是指运营人主动将航空器的运行信息发送给监视系统。

3.20 被动反馈系统，是指航空器被雷达、ADS-B 系统、北斗等手段从地面进行监视的系统，该反馈信息不经过运营人。

4 民用无人机机长的职责和权限

4.1 民用无人机机长对民用无人机的运行直接负责，并具有最终决定权。

4.1.1 在飞行中遇有紧急情况时：

a. 机长必须采取适合当时情况的应急措施。

b. 在飞行中遇到需要立即处置的紧急情况时，机长可以在保证地面人员安全所需要的范围内偏离本咨询通告的任何规定。

4.1.2 如果在危及地面人员安全的紧急情况下必须采取违反当地规章或程序的措施，机长必须毫不迟疑地通知有关地方当局。

4.2 机长必须负责以可用的、最迅速的方法将导致人员严重受伤或死亡、地面财产重大损失的任何航空器事故通知最近的民航及相关部门。

5 民用无人机驾驶员资格要求

民用无人机驾驶员应当根据其所驾驶的民用无人机的等级分类，符合咨询通告《民用无人驾驶航空器系统驾驶员管理暂行规定》（AC-61-FS-2013-20）中关于执照、合格证、等级、训练、考试、检查和航空经历等方面的要求，并依据本咨询通告运行。

6 民用无人机使用说明书

6.1 民用无人机使用说明书应当使用机长、驾驶员及观测员能够正确理解的语言文字。

6.2 V类民用无人机的使用说明书应包含相应的农林植保要求和规范。

7 禁止粗心或鲁莽的操作

任何人员在操作民用无人机时不得粗心大意和盲目蛮干，以免危及他人的生命或财产安全。

8 摄入酒精和药物的限制

民用无人机驾驶员在饮用任何含酒精的液体之后的 8 小时之内或处于酒精作用之下或者受到任何药物影响及其工作能力对飞行安全造成影响的情况下，不得驾驶无人机。

9 飞行前准备

在开始飞行之前，机长应当：

9.1 了解任务执行区域限制的气象条件；

9.2 确定运行场地满足无人机使用说明书所规定的条件；

9.3 检查无人机各组件情况、燃油或电池储备、通信链路信号等满足运行要求。对于无人机云系统的用户，应确认系统是否接入无人机云；

9.4 制定出现紧急情况的处置预案，预案中应包括紧急备降地点等内容。

10 限制区域

机长应确保无人机运行时符合有关部门的要求，避免进入限制区域：

10.1 对于无人机云系统的用户，应该遵守该系统限制；

10.2 对于未接入无人机云系统的用户，应向相关部门了解限制区域的划设情况。不得突破机场障碍物控制面、飞行禁区、未经批准的限制区以及危险区等。

11 视距内运行（VLOS）

11.1 必须在驾驶员或者观测员视距范围内运行；

11.2 必须在昼间运行；

11.3 必须将航路优先权让与其他航空器。

12 视距外运行（BVLOS）

12.1 必须将航路优先权让与有人驾驶航空器；

12.2 当飞行操作危害到空域的其他使用者、地面上人身财产安全或不能按照本咨询通告要求继续飞行，应当立即停止飞行活动；

12.3 驾驶员应当能够随时控制无人机。对于使用自主模式的无人机，无人机驾驶员必须能够随时操控。

12.3.1 出现无人机失控的情况，机长应该执行相应的预案，包括：

a. 无人机应急回收程序；

b. 对于接入无人机云的用户，应在系统内上报相关情况；

c. 对于未接入无人机云的用户，联系相关空管服务部门的程序，上报遵照以上程序的相关责任人名单。

13 民用无人机运行的仪表、设备和标识要求

13.1 具有有效的空地 C2 链路；

13.2 地面站或操控设备具有显示无人机实时的位置、高度、速度等信息的仪器仪表；

13.3 用于记录、回放和分析飞行过程的飞行数据记录系统，且数据信息至少保存三个月（适用于Ⅲ、Ⅳ、Ⅵ和Ⅶ类）；

13.4 对于接入无人机云系统的用户，应当符合无人机云的接口规范；

13.5 对于未接入无人机云系统的用户，其无人机机身需有明确的标识，注明该无人机的型号、编号、所有者、联系方式等信息，以便出现坠机情况时能迅速查找到无人机所有者或操作者信息。

14 管理方式

民用无人机分类繁杂，运行种类繁多，所使用空域远比有人驾驶航空器广阔，因此有必要实施分类管理，依据现有无人机技术成熟情况，针对轻小型民用无人机进行以下运行管理。

14.1 民用无人机的运行管理

14.1.1 电子围栏

a. 对于Ⅲ、Ⅳ、Ⅵ和Ⅶ类无人机，应安装并使用电子围栏。

b. 对于在重点地区和机场净空区以下运行Ⅱ类和Ⅴ类无人机，应安装并使用电子围栏。

14.1.2 接入无人机云的民用无人机

a. 对于重点地区和机场净空区以下使用的Ⅱ类和Ⅴ类的民用无人机，应接入无人机云，或者仅将其地面操控设备位置信息接入无人机云，报告频率最少每分钟一次。

b. 对于Ⅲ、Ⅳ、Ⅵ和Ⅶ类的民用无人机应接入无人机云，在人口稠密区报告频率最少每秒一次。在非人口稠密区报告频率最少每30秒一次。

c. 对于Ⅳ类的民用无人机，增加被动反馈系统。

14.1.3 未接入无人机云的民用无人机

运行前需要提前向管制部门提出申请，并提供有效监视手段。

14.2 民用无人机运营人的管理

根据《民用航空法》规定，无人机运营人应当对无人机投保地面第三人责任险。

15 无人机云提供商须具备的条件

15.1 无人机云提供商须具备以下条件：

15.1.1 设立了专门的组织机构；

15.1.2 建立了无人机云系统的质量管理体系和安全管理体系；

15.1.3 建立了民用无人机驾驶员、运营人数据库和无人机运行动态数据库，可以清晰管理和统计持证人员，监测运行情况；

15.1.4 已与相应的管制、机场部门建立联系，为其提供数据输入接口，并为用户提供空域申请信息服务；

15.1.5 建立与相关部门的数据分享机制，建立与其他无人机云提供

商的关键数据共享机制；

15.1.6 满足当地人大和地方政府出台的法律法规，遵守军方为保证国家安全而发布的通告和禁飞要求；

15.1.7 获得局方试运行批准。

15.2 提供商应定期对系统进行更新扩容，保证其所接入的民用无人机运营人使用方便、数据可靠、低延迟、飞行区域实时有效。

15.3 提供商每6个月向局方提交报告，内容包括无人机云系统接入航空器架数，运营人数量，技术进步情况，遇到的困难和问题，事故和事故征候等。

16 植保无人机运行要求

16.1 植保无人机作业飞行是指无人机进行下述飞行：

16.1.1 喷洒农药；

16.1.2 喷洒用于作物养料、土壤处理、作物生命繁殖或虫害控制的任何其他物质；

16.1.3 从事直接影响农业、园艺或森林保护的喷洒任务，但不包括撒播活的昆虫。

16.2 人员要求

16.2.1 运营人指定的一个或多个作业负责人，该作业负责人应当持有民用无人机驾驶员合格证并具有相应等级，同时接受了下列知识和技术的培训或者具备相应的经验：

a. 理论知识。

（1）开始作业飞行前应当完成的工作步骤，包括作业区的勘察；

（2）安全处理有毒药品的知识及要领和正确处理使用过的有毒药品容器的办法；

（3）农药与化学药品对植物、动物和人员的影响和作用，重点在计划运行中常用的药物以及使用有毒药品时应当采取的预防措施；

（4）人体在中毒后的主要症状，应当采取的紧急措施和医疗机构的位置；

（5）所用无人机的飞行性能和操作限制；

（6）安全飞行和作业程序。

b. 飞行技能，以无人机的最大起飞全重完成起飞、作业线飞行等操作动作。

16.2.2 作业负责人对实施农林喷洒作业飞行的每一人员实施 16.2.1 规定的理论培训、技能培训以及考核，并明确其在作业飞行中的任务和职责。

16.2.3 作业负责人对农林喷洒作业飞行负责。其他作业人员应该在作业负责人带领下实施作业任务。

16.2.4 对于独立喷洒作业人员，或者从事作业高度在 15 米以上的作业人员应持有民用无人机驾驶员合格证。

16.3 喷洒限制

实施喷洒作业时，应当采取适当措施，避免喷洒的物体对地面的人员和财产造成危害。

16.4 喷洒记录保存

实施农林喷洒作业的运营人应当在其主运行基地保存关于下列内容的记录：

16.4.1 服务对象的名称和地址；

16.4.2 服务日期；

16.4.3 每次作业飞行所喷洒物质的量和名称；

16.4.4 每次执行农林喷洒作业飞行任务的驾驶员的姓名、联系方式和合格证编号（如适用），以及通过知识和技术检查的日期。

17 无人飞艇运行要求

17.1 禁止云中飞行。在云下运行时，与云的垂直距离不得少于 120 米。

17.2 当无人飞艇附近存在人群时，须在人群以外 30 米运行。当人群抵近时，飞艇与周边非操作人员的水平间隔不得小于 10 米，垂直间隔不得小于 10 米。

17.3 除经局方批准，不得使用可燃性气体如氢气。

18 废止和生效

本咨询通告自下发之日起生效。2016 年 12 月 31 日前 Ⅲ、Ⅳ、Ⅴ、Ⅵ

和Ⅶ类无人机均应符合本咨询通告要求，在北京、上海、广州、深圳运行的Ⅱ类无人机也应符合本咨询通告要求；2017 年 12 月 31 日前适用无人机均应符合本咨询通告要求。

当其他法律法规发布生效时，本咨询通告与其内容相抵触部分自动失效；飞行标准司有责任依据法律法规的变化、科技进步、社会需求等及时修订本咨询通告。

附录三　民用无人驾驶航空器系统空中交通管理办法

（2016 年 9 月 21 日，中国民用航空局下发）

第一章　总　则

第一条　为了加强对民用无人驾驶航空器飞行活动的管理，规范其空中交通管理工作，依据《中华人民共和国民用航空法》《中华人民共和国飞行基本规则》《通用航空飞行管制条例》和《民用航空空中交通管理规则》，制定本办法。

第二条　本办法适用于依法在航路航线、进近（终端）和机场管制地带等民用航空使用空域范围内或者对以上空域内运行存在影响的民用无人驾驶航空器系统活动的空中交通管理工作。

第三条　民航局指导监督全国民用无人驾驶航空器系统空中交通管理工作，地区管理局负责本辖区内民用无人驾驶航空器系统空中交通服务的监督和管理工作。

空管单位向其管制空域内的民用无人驾驶航空器系统提供空中交通服务。

第四条　民用无人驾驶航空器仅允许在隔离空域内飞行。

民用无人驾驶航空器在隔离空域内飞行，由组织单位和个人负责实施，并对其安全负责。多个主体同时在同一空域范围内开展民用无人驾驶航空器飞行活动的，应当明确一个活动组织者，并对隔离空域内民用无人驾驶航空器飞行活动安全负责。

第二章　评估管理

第五条　在本办法第二条规定的民用航空使用空域范围内开展民用无人驾驶航空器系统飞行活动，除满足以下全部条件的情况外，应通过地区管理局评审：

（一）机场净空保护区以外；

（二）民用无人驾驶航空器最大起飞重量小于或等于 7 千克；

（三）在视距内飞行，且天气条件不影响持续可见无人驾驶航空器；

（四）在昼间飞行；

（五）飞行速度不大于 120 千米/时；

（六）民用无人驾驶航空器符合适航管理相关要求；

（七）驾驶员符合相关资质要求；

（八）在进行飞行前驾驶员完成对民用无人驾驶航空器系统的检查；

（九）不得对飞行活动以外的其他方面造成影响，包括地面人员、设施、环境安全和社会治安等；

（十）运营人应确保其飞行活动持续符合以上条件。

第六条　民用无人驾驶航空器系统飞行活动需要评审时，由运营人会同空管单位提出使用空域，对空域内的运行安全进行评估并形成评估报告。

地区管理局对评估报告进行审查或评审，出具结论意见。

第七条　民用无人驾驶航空器在空域内运行应当符合国家和民航有关规定，经评估满足空域运行安全的要求。评估应当至少包括以下内容：

（一）民用无人驾驶航空器系统情况，包括民用无人驾驶航空器系统基本情况、国籍登记、适航证件（特殊适航证、标准适航证和特许飞行证等）、无线电台及使用频率情况；

（二）驾驶员、观测员的基本信息和执照情况；

（三）民用无人驾驶航空器系统运营人基本信息；

（四）民用无人驾驶航空器的飞行性能，包括：飞行速度、典型和最大爬升率、典型和最大下降率、典型和最大转弯率、其他有关性能数据（例如风、结冰、降水限制）、航空器最大续航能力、起飞和着陆要求；

（五）民用无人驾驶航空器系统活动计划，包括：飞行活动类型或目的、飞行规则（目视或仪表飞行）、操控方式（视距内或超视距，无线电视距内或超无线电视距等）、预定的飞行日期、起飞地点、降落地点、巡航速度、巡航高度、飞行路线和空域、飞行时间和次数；

（六）空管保障措施，包括：使用空域范围和时间、管制程序、间隔要求、协调通报程序、应急预案等；

（七）民用无人驾驶航空器系统的通信、导航和监视设备和能力，包括：民用无人驾驶航空器系统驾驶员与空管单位通信的设备和性能、民用无人驾驶航空器系统的指挥与控制链路及其性能参数和覆盖范围、驾驶员和观测员之间的通信设备和性能、民用无人驾驶航空器系统导航和监视设备及性能；

（八）民用无人驾驶航空器系统的感知与避让能力；

（九）民用无人驾驶航空器系统故障时的紧急程序，特别是：与空管单位的通信故障、指挥与控制链路故障、驾驶员与观测员之间的通信故障等情况；

（十）遥控站的数量和位置以及遥控站之间的移交程序；

（十一）其他有关任务、噪声、安保、业载、保险等方面的情况；

（十二）其他风险管控措施。

第八条 按照本规定第六条需要进行评估的飞行活动，其使用的民用无人驾驶航空器系统应当为遥控驾驶航空器系统，而非自主无人驾驶航空器系统。并且能够按要求设置电子围栏。

第九条 地区管理局应当组织相关部门对评估报告进行审查，对于复杂问题可以组织专家进行评审和现场演示，并将审查或评审结论反馈给运营人和有关空管单位。

第三章 空中交通服务

第十条 民用无人驾驶航空器飞行应当为其单独划设隔离空域，明确水平范围、垂直范围和使用时段。可在民航使用空域内临时为民用无人驾驶航空器划设隔离空域。

飞行密集区、人口稠密区、重点地区、繁忙机场周边空域，原则上不划设民用无人驾驶航空器飞行空域。

第十一条 隔离空域由空管单位会同运营人划设。划设隔离空域应综合考虑民用无人驾驶航空器通信导航监视能力、航空器性能、应急程序等因素，并符合下列要求：

（一）隔离空域边界原则上距其他航空器使用空域边界的水平距离不小于 10 千米；

（二）隔离空域上下限距其他航空器使用空域垂直距离 8400 米（含）以下不得小于 600 米，8400 米以上不得小于 1200 米。

第十二条　民用无人驾驶航空器在隔离空域内运行时，应当符合下列要求：

（一）民用无人驾驶航空器应当遵守规定的程序和安全要求；

（二）民用无人驾驶航空器确保在所分配的隔离空域内飞行，并与水平边界保持 5 千米以上距离；

（三）防止民用无人驾驶航空器无意间从隔离空域脱离。

第十三条　为了防止民用无人驾驶航空器和其他航空器活动相互穿越隔离空域边界，提高民用无人驾驶航空器运行的安全性，需要采取下列安全措施：

（一）驾驶员应当持续监视民用无人驾驶航空器飞行；

（二）当驾驶员发现民用无人驾驶航空器脱离隔离空域时，应向相关空管单位通报；

（三）空管单位发现民用无人驾驶航空器脱离隔离空域时，应当防止与其他航空器发生冲突，通知运营人采取相关措施，并向相关管制单位通报；

（四）空管单位应当同时向民用无人驾驶航空器和隔离空域附近运行的其他航空器提供服务；

（五）在空管单位和民用无人驾驶航空器系统驾驶员之间应建立可靠的通信；

（六）空管单位应为民用无人驾驶航空器指挥与控制链路失效、民用无人驾驶航空器避让侵入的航空器等紧急事项设置相应的应急工作程序。

第十四条　针对民用无人驾驶航空器违规飞行影响日常运行的情况，空管单位应与机场、军航管制单位等建立通报协调关系，制定信息通报、评估处置和运行恢复的方案，保证安全，降低影响。

第四章　无线电管理

第十五条　民用无人驾驶航空器系统活动中使用无线电频率、无线电设备应当遵守国家无线电管理法规和规定，且不得对航空无线电频率造成有害干扰。

第十六条　未经批准，不得在民用无人驾驶航空器上发射语音广播通信信号。

第十七条　使用民用无人驾驶航空器系统应当遵守国家有关部门发布的无线电管制命令。

第五章　附　则

第十八条　民用无人驾驶航空器系统飞行活动涉及多项评估或审批的，地区管理局应当统筹安排。

第十九条　本管理办法自下发之日起开始施行，原《民用无人机空中交通管理办法》（MD－TM－2009－002）同时废止。

第二十条　本管理办法使用的术语定义：

民用无人驾驶航空器：没有机载驾驶员操作的民用航空器。

民用无人驾驶航空器系统：指民用无人驾驶航空器及与其安全运行有关的组件，主要包括遥控站、数据链路等。

遥控驾驶航空器系统：由遥控驾驶航空器、相关的遥控站、所需的指挥与控制链路以及批准的型号设计规定的任何其他部件构成的系统。

遥控驾驶航空器：由遥控站操纵的无人驾驶航空器。遥控驾驶航空器是无人驾驶航空器的亚类。

遥控站：遥控驾驶航空器系统的组成部分，包括用于操纵遥控驾驶航空器的设备。

指挥与控制链路：遥控驾驶航空器和遥控站之间为飞行管理目的建立的数据链接。

自主无人驾驶航空器系统：不允许驾驶员介入飞行管理的无人驾驶航空器。

电子围栏：是指为防止民用无人驾驶航空器飞入或者飞出特定区域，在相应电子地理范围中画出其区域边界，并配合飞行控制系统，保障区域安全的软硬件系统。

感知与避让：观察、发现、探测交通冲突或其他危险，并采取适当行动的能力。

运营人：是指从事或拟从事航空器运营的个人、组织或者企业。

驾驶员：由运营人指派对遥控驾驶航空器的运行负有必不可少职责并在飞行期间适时操纵无人驾驶航空器的人。

观测员：由运营人指定的训练有素的人员，通过目视观测遥控驾驶航空器协助驾驶员安全实施飞行。

隔离空域：专门分配给无人驾驶航空器系统运行的空域，通过限制其他航空器的进入以规避碰撞风险。

非隔离空域：无人驾驶航空器系统与其他有人驾驶航空器同时运行的空域。

目视视距内：驾驶员或观测员与无人驾驶航空器保持直接目视视觉接触的运行方式。直接目视视觉接触的范围为：真高 120 米以下；距离不超过驾驶员或观测员视线范围或最大 500 米半径的范围，两者中取较小值。

超目视视距：无人驾驶航空器在目视视距以外的运行方式。

无线电视距内：是指发射机和接收机在彼此的无线电覆盖范围之内能够直接进行通信，或者通过地面网络使远程发射机和接收机在无线电视距内，并且能在相应时间范围内完成通信传输的情况。

超无线电视距：是指发射机和接收机不在无线电视距之内的情况。因此所有卫星系统都是超无线电视距的，遥控站通过地面网络不能在相应时间范围与至少一个地面站完成通信传输的系统也都是超无线电视距的。

机场净空区：也称机场净空保护区域，是指为保护航空器起飞、飞行和降落安全，根据民用机场净空障碍物限制图要求划定的空间范围。

人口稠密区：是指城镇、村庄、繁忙道路或大型露天集会场所等区域。

重点地区：是指军事重地、核电站和行政中心等关乎国家安全的区域及周边，或地方政府临时划设的区域。

附录四　轻小型民用无人机飞行动态数据管理规定

（2019 年 11 月 5 日，中国民用航空局下发）

1　目的和依据

为了实现轻、小型民用无人机及植保无人机飞行动态实时监控，逐步简化轻、小型民用无人机及植保无人机的飞行空域、飞行计划、飞行活动管理，实施民用无人机空中交通管理，根据《中华人民共和国民用航空法》《中华人民共和国飞行基本规则》《通用航空飞行管制条例》《民用航空空中交通管理规则》等法律法规规章，制定本规定。

2　适用范围

本规定适用于在中华人民共和国领域内以及根据中华人民共和国缔结或者参加的国际条约规定的，由中华人民共和国提供空中交通服务的空域内运行轻、小型民用无人机及植保无人机的相关单位、个人。

3　管理要求

3.1　管理主体

民航局负责统一管理民用无人机飞行动态数据，具体由民航局空管行业管理办公室负责实施。

3.2　报送数据的要求

从事轻、小型民用无人机及植保无人机飞行活动的单位、个人应当按照本规定的要求，及时、准确、完整地向民航局实时报送真实飞行动态数据。

3.3　数据接收的系统

无人驾驶航空器空中交通管理信息服务系统（Unmanned Aircraft System Traffic Management Information Service System，简称 UTMISS），是民航局为掌握民用无人机飞行活动，为民用无人机飞行提供空域、计划、安全评估等方面服务，实现与相关监管部门协同管理的信息化系统，是民用无人机运行管理的窗口。

3.4　数据报送方式

从事轻、小型民用无人机及植保无人机飞行活动的单位、个人应当使用下列任一方式通过 UTMISS 线上数据收发接口实时报送飞行动态数据。如果发生因不可抗力导致或客观通信条件导致的通信中断，应当暂存通信中断期间的飞行动态数据，并在通信恢复后补充报送飞行动态数据。

3.4.1　通过无人机系统直接向 UTMISS 实时报送飞行动态数据。

3.4.2　通过满足技术与安全要求的第三方平台向 UTMISS 实时报送飞行动态数据。第三方平台主要包括：

（1）无人机云交换系统（无人机云数据交换平台）；

（2）无人机制造商自建的无人机运行服务系统；

（3）其他无人机运行信息管理或服务系统。

3.4.3　在无人机机体上加装单独数据模块，通过模块向 UTMISS 实时报送飞行动态数据。

3.5　数据管理与应用

3.5.1　数据用途

UTMISS 接收的各类数据仅用于民航局无人机运行管理与研究工作。国务院各部委、各直属机构，各省、自治区、直辖市人民政府的承担无人机管理的专门部门，依职责开展相关工作，可向民航局申请使用部分数据。数据使用单位须严格履行数据保管义务妥善管理数据，不得转发数据。

3.5.2　数据申请内容

申请使用数据时应当明确以下内容：

（1）申请单位；

（2）数据用途；

（3）数据内容应当至少包括：数据水平坐标范围（精确到秒）、时间范围（精确到秒）、数据类型；

（4）数据传输和保管措施。

4　数据与传输要求

4.1　数据类型

4.1.1　飞行记录编号：用于标识一条飞行记录的编码。同一次飞行期间所传输的每一条飞行动态数据报文应当采用相同且唯一的飞行记录编号，编号应当包含无人机产品序号（S/N），即在民航局无人机实名登记系统中登记的产品序号。

4.1.2 制造商代码：无人机整机制造商的统一社会信用代码，或组装无人机使用的飞控模块制造商的统一社会信用代码。

4.1.3 实名登记号：无人机拥有者在民航局无人机实名登记系统中完成登记后，系统自动分配的登记号。若不掌握无人机实名登记号，应当报送默认值。

4.1.4 时间戳：数据报文发送时的日期和时间编码。

4.1.5 累计飞行时长：从本次飞行开始时刻到当前时刻为止的飞行时间总和。

4.1.6 坐标系类型：WGS-84、CGCS2000 或 GLONASS-PZ90，默认为WGS-84。

4.1.7 当前位置经度：无人机当前时刻所在位置的经度。

4.1.8 当前位置纬度：无人机当前时刻所在位置的纬度。

4.1.9 高：无人机当前时刻所在位置相对于起飞点所在基准面的垂直距离。

4.1.10 高度：无人机当前时刻所在位置的海拔高度，使用 1985 国家高程。暂不具备高度测算能力的型号产品，应当报送默认值。

4.1.11 实时飞行速度：无人机当前时刻相对地面的飞行速度。

4.1.12 航迹角：无人机当前时刻所在位置真北方向顺时针量至地速方向的夹角，范围（0 度，360 度]。暂不具备航迹角测算能力的型号产品，应当报送默认值。

4.2 数据格式

字段名称	字段代码	格式与规则	长度	单位	精度	备注
飞行记录编号	OrderID	字母、数字与符号的组合：无人机产品序号（字母、数字与符号的组合）－8 位起飞日期（YYYYMM-DD）－8 位随机码（数字或字母均可）	/	/	/	/

字段名称	字段代码	格式与规则	长度	单位	精度	备注
制造商代码	Manufac-tureID	统一社会信用代码	18 位	/	/	/
实名登记号	UASID	UAS + 8 位数组。若不掌握登记号，则应当报送默认值"UAS-DEFAULT"	11 位	/	/	/
时间戳	TimeStamp	UTC 时间 14 位数字（YYYYMMDDhhmmss）。不使用 24：00：00	14 位	/	/	示例：2019 年 2 月 28 日 23 时 59 分 59 秒：20190228235959 2020 年 1 月 1 日 0 时 0 分 0 秒：20200101000000
累计飞行时长	FlightTime	整数	/	秒	/	/
坐标系类型	Coordinate	数字：1. WGS-84；2. CGCS2000；3. GLONASS-PZ90	1 位	/	/	/
当前位置经度	Longitude	定点数	/	度	精确到小数点后 7 位，乘 10 的 7 次方后传输	/
当前位置纬度	Latitude	定点数	/	度	精确到小数点后 7 位，乘 10 的 7 次方后传输	/
高	Height	定点数	/	米	精确到小数点后 2 位，乘 10 的 2 次方后传输	/
高度	Altitude	定点数。若不报送高度，则应当报送默认值"–999"。	/	米	精确到小数点后 2 位，乘 10 的 2 次方后传输	/
实时飞行速度	GS	定点数	/	米/秒	精确到小数点后 1 位，乘 10 后传输	/
航迹角	Course	定点数。若不报送航迹角数值，则应当报送默认值"COURSE-DEFAULT"	/	度	精确到小数点后 1 位，乘 10 后传输	/

4.3 数据示例

```
{
" OrderID":" 3HJWJWJ9 –20181026 –44d655pf",
" ManufactureID":"% 无人机制造商统一社会信用代码% ",
" UASID":"% 无人机在实名登记系统的登记号% ",
" TimeStamp": 20180616120530,
" FlightTime": 320,
" Coordinate": 1,
" Longitude": 1218563728,
" Latitude": 340448610,
" Height": 1000,
" Altitude": 2000,
" GS": 50,
" Course": 680
}
```

4.4 频率与时间要求

数据报送频率应当不低于每 5 秒 1 次，建议不低于每 2 秒 1 次。数据报送延迟应当小于 5 秒。

4.5 传输协议与安全要求

数据传输应当采用 https 协议，并按照 UTMISS 的要求进行数据加密。

5 第三方平台系统技术与安全要求

5.1 系统应当提供完善的系统管理功能。

5.2 系统应当建立防病毒机制，进行防病毒系统管理，及时安装系统补丁。

5.3 系统应当安装专业防火墙等其他安全工具，只开放数据传输所必须使用的端口，以防御黑客入侵，并配置定期检查漏洞功能。

5.4 系统应当提供运行日志与操作日志功能，对异常运行与异常操作进行识别和告警。

5.5 系统应当配备至少一个冗余备份系统，确保系统 7 ∗ 24 小时不间断运行。

5.6 为保证 UTMISS 安全、稳定运行，民航局将监测第三方平台系统的技术安全水平和数据质量，不定期公布已接入 UTMISS 的第三方平台系统清单。对不满足本规定要求的第三方平台系统，暂停接入 UTMISS。具体由民航局空管行业管理办公室组织实施。

6 附则

6.1 本规定所述数据接口实现与数据对接工作在民航局空管行业管理办公室的指导下，由 UTMISS 开发维护单位负责。

6.2 实施安排

本规定自 2020 年 5 月 1 日起生效。

从事轻、小型民用无人机及植保无人机飞行活动的单位、个人应当于 2020 年 5 月 1 日前，按照本规定"3.4 数据报送方式"的要求接入 UT-MISS，实现实时报送飞行动态数据。

其中，使用 2020 年 5 月 1 日前上市的轻、小型民用无人机或植保无人机从事飞行活动的单位、个人可以于 2020 年 11 月 1 日前按照本规定"3.4 数据报送方式"的要求接入 UTMISS，实现实时报送飞行动态数据。

6.3 在划设有适飞空域的区域，轻型民用无人机和植保无人机适用适飞空域飞行管理、空域管理要求；无法按期实现飞行动态数据报送的型号产品，不满足可靠被监视能力要求，不能归类为轻型民用无人机或植保无人机，飞行管理、空域管理按照相关法律法规执行。在未划设适飞空域的区域，轻型民用无人机和植保无人机飞行管理、空域管理按照相关法律法规执行。

小型无人机飞行管理、空域管理按照相关法律法规执行。

6.4 从事轻、小型民用无人机及植保无人机飞行活动的单位、个人，不及时报告或漏报飞行动态数据的，按照通航飞行管制有关规定处罚。违反国家治安管理相关法律法规的，由有关部门按照治安管理有关规定处罚。

6.5 微型、中型、大型民用无人机飞行动态数据报送要求另行规定。

6.6 UTMISS 将与民航局其他无人机管理系统通过线上数据接口开展数据交换，逐步形成统一的运行管理体系。

7 定义

无人驾驶航空器：机上没有驾驶员进行操控的航空器，包括遥控航空器、自主航空器和模型航空器。遥控航空器和自主航空器统一简称无人机。

遥控航空器：具备高度保持或者位置保持飞行功能，全程可通过遥控站（台）随时介入操控飞行的无人驾驶航空器。

自主航空器：全程智能自主飞行或者阶段人工无法介入操控飞行的无人驾驶航空器。

模型航空器（航空模型）：重于空气，有尺寸和重量限制，不能载人，不具有高度保持和位置保持飞行功能，不携带非体育运动用途任务载荷的无人驾驶航空器，分为自由飞、线控、直接目视视距内人工不间断遥控、借助第一视角人工不间断操控的模型航空器等。

无人机系统：无人机以及与其相关的遥控站（台）、任务载荷和控制链路等组成的系统。

微型无人机：空机重量小于 0.25 千克，具备高度保持或者位置保持飞行功能，设计性能同时满足飞行真高不超过 50 米、最大平飞速度不超过 40 千米/小时、无线电发射设备符合微功率短距离无线电发射设备技术要求的遥控航空器。

轻型无人机：同时满足空机重量不超过 4 千克，最大起飞重量不超过 7 千克，最大平飞速度不超过 100 千米/小时，具备符合空域管理要求的空域保持能力和可靠被监视能力的遥控航空器，但不包括微型无人机。

小型无人机：空机重量不超过 15 千克或者最大起飞重量不超过 25 千克的遥控航空器或者自主航空器，但不包括微型、轻型无人机。

中型无人机：最大起飞重量超过 25 千克不超过 150 千克，且空机重量超过 15 千克的遥控航空器或者自主航空器。

大型无人机：最大起飞重量超过 150 千克的遥控航空器或者自主航空器。

植保无人机：设计性能同时满足飞行真高不超过 30 米、最大平飞速度不超过 50 千米/小时、最大飞行半径不超过 2000 米，具备空域保持能力和可靠被监视能力，专门用于农林牧植保作业的遥控航空器。

空机重量：无人机机体、电池、燃料容器等固态装置重量总和，不含填充燃料和任务载荷的重量。

空域保持能力：使用地理围栏等技术，控制无人机高度与水平范围的能力。

可靠被监视能力：能够按照本规定"频率与时间要求"报送满足"数据格式"要求的数据的能力。

附录五　民用无人驾驶航空器无线电管理暂行办法

（2023 年 12 月 27 日，工业和信息化部印发，
2024 年 1 月 1 日起施行）

第一章　总　则

第一条　为了加强民用无人驾驶航空器无线电管理工作，维护空中电波秩序，保证各种无线电业务的正常进行，促进民用无人驾驶航空器产业高质量发展，依据《中华人民共和国无线电管理条例》《无人驾驶航空器飞行管理暂行条例》《中华人民共和国无线电管制规定》等相关法规，以及有关无线电管理部门规章，制定本办法。

第二条　本办法所称民用无人驾驶航空器，是指没有机载驾驶员、自备动力系统的民用航空器。本办法所称微型民用无人驾驶航空器，是指空机重量小于 0.25 千克，最大飞行真高不超过 50 米，最大平飞速度不超过 40 千米/时，无线电发射设备符合微功率短距离技术要求，全程可以随时人工介入操控的民用无人驾驶航空器。本办法所称民用无人驾驶航空器通信系统，是指民用无人驾驶航空器以及实现与其有关的遥控、遥测、信息传输功能的地面设备组成的通信系统。

第三条　生产或者进口在中华人民共和国境内销售、使用民用无人驾驶航空器通信系统无线电发射设备，在中华人民共和国境内使用民用无人驾驶航空器通信系统无线电频率，设置、使用民用无人驾驶航空器通信系统无线电台，适用本办法。

第二章　无线电频率、台（站）管理

第四条　通过直连通信方式实现遥控、遥测、信息传输功能的民用无人驾驶航空器通信系统无线电台，应当使用下列全部或部分频率：1430～

1444 MHz、2400～2476 MHz、5725～5829 MHz。

其中，1430～1444 MHz 频段频率仅用于民用无人驾驶航空器遥测与信息传输下行链路；1430～1438 MHz 频段频率专用于警用无人驾驶航空器通信系统或警用直升机，1438～1444 MHz 频段频率用于其他单位和个人民用无人驾驶航空器通信系统。

使用直连通信频率的民用无人驾驶航空器通信系统无线电发射设备射频技术指标要求见附件。

第五条 通过地面公众移动通信系统频率实现遥控、遥测、信息传输功能的民用无人驾驶航空器通信系统无线电台，应当依法使用允许在我国境内提供服务的地面公众移动通信系统及专用于民用无人驾驶航空器的用户识别卡（SIM 卡），设备射频技术指标要求按照地面公众移动通信系统终端技术指标要求执行。

通过卫星通信系统频率实现遥控、遥测、信息传输功能的民用无人驾驶航空器通信系统无线电台，应当依法使用允许在我国境内提供服务的相关卫星固定业务动中通系统、卫星移动业务通信系统。具体使用频率范围、设备射频技术指标要求按照《建立卫星通信网和设置使用地球站管理规定》《对地静止轨道卫星动中通地球站管理办法》《卫星移动通信系统终端地球站管理办法》等相关无线电管理规定执行。

第六条 民用无人驾驶航空器通信系统无线电台使用 1430～1444 MHz 频段频率的，应当向频率使用地省（自治区、直辖市）无线电管理机构申请取得无线电频率使用许可和无线电台执照，并按规定缴纳无线电频率占用费。民用无人驾驶航空器通信系统无线电台使用卫星固定业务动中通系统、卫星移动业务通信系统频率的，应当向国家无线电管理机构申请取得无线电频率使用许可，向省（自治区、直辖市）无线电管理机构申请取得无线电台执照，并按规定缴纳无线电频率占用费。民用无人驾驶航空器通信系统无线电台使用 2400～2476 MHz、5725～5829 MHz 频段频率，以及地面公众移动通信系统频率的，无需取得无线电频率使用许可，相关无线电台参照地面公众移动通信终端管理，无需取得无线电台执照。

国家鼓励通过信息化手段开展民用无人驾驶航空器通信系统无线电频率使用许可和无线电台（站）设置、使用许可工作。

第七条 微型民用无人驾驶航空器通信系统实现遥控、遥测和信息传输功能，只能使用 2400～2476 MHz、5725～5829 MHz 频段频率，其无线电发射设备射频技术指标要求应当按照本办法附件中"按照微功率短距离管理的民用无人驾驶航空器通信系统无线电发射设备技术要求"执行。

第八条 通过雷达实现探测、避障等功能的民用无人驾驶航空器，应当使用 24～24.25 GHz 频段的微功率短距离雷达设备，其使用要求及射频技术指标应符合工业和信息化部 2019 年第 52 号公告（关于微功率短距离无线电发射设备管理）的相关规定。

第九条 民用无人驾驶航空器通信系统无线电频率使用许可和无线电台执照有效期不超过 5 年。相关许可使用期限届满后需要继续使用的，应当在期限届满 30 个工作日前向作出许可决定的无线电管理机构提出延续申请。变更相关许可事项的，应当向作出许可决定的无线电管理机构办理变更手续；相关许可期限届满前拟终止使用民用无人驾驶航空器通信系统无线电频率、无线电台的，应当及时向作出许可决定的无线电管理机构申请办理注销手续，妥善处理相关设备。

第十条 遇有危及国家安全、公共安全、生命财产安全等紧急情况，民用无人驾驶航空器可以搭载临时使用的移动通信基站、广播电台、对讲机中继台、雷达等无线电台（站），但是应当于开始使用 48 小时内向所在地无线电管理机构报告，并在紧急情况消除后及时关闭。

第三章　无线电发射设备管理

第十一条 除微功率短距离无线电发射设备外，生产或者进口在中华人民共和国境内销售、使用的民用无人驾驶航空器通信系统无线电发射设备，应当向国家无线电管理机构申请型号核准。

第十二条 销售按照本办法规定应当取得型号核准的民用无人驾驶航空器通信系统无线电发射设备，应当按照《无线电发射设备销售备案实施办法（暂行）》要求，办理销售备案手续。

第十三条 进口应当取得型号核准的民用无人驾驶航空器通信系统无线电发射设备，携带、寄递或者以其他方式运输应当取得型号核准而未取得型号核准的民用无人驾驶航空器通信系统无线电发射设备临时进关的，应当按照《无线电发射设备管理规定》相关要求执行。

第四章　电波秩序维护

第十四条　任何单位或者个人应当依法使用民用无人驾驶航空器通信系统无线电频率，依法设置、使用民用无人驾驶航空器通信系统无线电台。民用无人驾驶航空器通信系统生产制造企业应当采取有效措施，积极协助用户申请民用无人驾驶航空器通信系统无线电频率使用许可和无线电台执照。

设置、使用民用无人驾驶航空器通信系统无线电台的单位或者个人应当对民用无人驾驶航空器通信系统无线电台及其附属设备的使用安全负责。

第十五条　民用无人驾驶航空器通过地面公众移动通信系统、卫星通信系统等实现中继飞行的，使用单位或者个人应当在飞行前按照《无人驾驶航空器飞行管理暂行条例》相关规定向空中交通管理机构提出飞行活动申请。

第十六条　依法取得无线电台执照的民用无人驾驶航空器通信系统无线电台受到有害干扰的，可以向当地无线电管理机构投诉。受理投诉的无线电管理机构应当按照《中华人民共和国无线电管理条例》和《无线电干扰投诉和查处工作暂行办法》相关规定及时处理。设置、使用按照本办法无需取得无线电频率使用许可和无线电台执照的民用无人驾驶航空器通信系统无线电台，不得对其他合法设置、使用的无线电台（站）产生有害干扰；同时应当采取有效措施提升民用无人驾驶航空器通信系统无线电台抗有害干扰的能力，原则上不能向无线电管理机构提出免受有害干扰的保护要求。

第十七条　基础电信企业通过地面公众移动通信系统为民用无人驾驶航空器通信系统提供通信服务的，不得改变依法设置、使用的地面公众移动通信基站天线部署方式和要求，并应当通过技术措施对使用地面公众移动通信系统的民用无人驾驶航空器相关情况实现有效监测和处置。同时，基础电信企业应当不断优化通信网络，提升设施防护性能，提高网络抗干扰能力，不能向无线电管理机构提出免受依法设置、使用的无人驾驶航空器无线电反制设备干扰的保护要求。

第十八条　无线电管理机构应当定期对在用的民用无人驾驶航空器通

信系统无线电台使用情况进行检查和检测，保障民用无人驾驶航空器通信系统无线电台的正常使用，避免对其他合法无线电业务造成有害干扰，维护正常的无线电波秩序。

第十九条 因维护国家安全、保障国家重大任务、处置重大突发事件等需要依法实施无线电管制时，设置、使用民用无人驾驶航空器通信系统无线电台的单位或者个人，应当遵守相关无线电管制命令或指令。

第二十条 违反本办法，由无线电管理机构按照《中华人民共和国无线电管理条例》《无人驾驶航空器飞行管理暂行条例》《中华人民共和国无线电管制规定》《无线电频率使用许可管理办法》《地面无线电台（站）管理规定》《无线电发射设备管理规定》等相关行政法规、部门规章给予处罚；构成违反治安管理行为的，依法给予治安管理处罚；构成犯罪的，依法追究刑事责任。

第五章 附 则

第二十一条 外国领导人访华、各国驻华使领馆、享有外交特权与豁免的国际组织驻华代表机构、其他境外组织或者个人需要在我国境内设置、使用依照本办法应当取得无线电频率使用许可、无线电台执照的民用无人驾驶航空器通信系统无线电台的，应当通过《中华人民共和国无线电管理条例》规定的渠道提出申请。

在边境地区设置、使用民用无人驾驶航空器通信系统无线电台的，依照《中华人民共和国无线电管理条例》《边境地区地面无线电业务频率国际协调规定》相关规定执行。

第二十二条 设置、使用民用无人驾驶航空器通信系统无线电台的单位或者个人，应当同时遵守各级地方人民政府、公安部门、各级空中交通管理机构，以及生态环境等有关部门的规定。

第二十三条 在本办法施行之日前已取得无线电发射设备型号核准，但射频技术指标不符合本办法规定的民用无人驾驶航空器通信系统无线电发射设备，其型号核准证有效期届满后不再延续，相关民用无人驾驶航空器通信系统可使用到报废为止。

2024 年 12 月 31 日前，除必要测试验证外，基础电信企业不得使用地面公众移动通信系统频率为民用无人驾驶航空器通信系统提供遥控、遥测和信息传输服务。

第二十四条 本办法自 2024 年 1 月 1 日起施行，《工业和信息化部关于无人驾驶航空器系统频率使用事宜的通知》（工信部无〔2015〕75 号）同时废止。此前规定与本办法不符的，以本办法为准。

附件：1430～1444 MHz、2400～2476 MHz、5725－5829 MHz 频段民用无人驾驶航空器通信系统无线电发射设备技术要求

附件

1430～1444 MHz、2400～2476 MHz、5725～5829 MHz 频段民用无人驾驶航空器通信系统无线电发射设备技术要求

一、1430～1444 MHz 频段民用无人驾驶航空器通信系统无线电发射设备技术要求

（一）工作频率及信道带宽要求

工作频段 （MHz）	工作方式	信道带宽 （MHz）	中心频点 （MHz）	备注
1430～1444	制定信道	2	$1429+2n$ （$n=1$，2，…，7）	1. n 为信道编号。 2. 可根据不同传输容量要求进行信道合并使用。

（二）发射机发射功率限值

发射机功率等级	等效全向辐射功率（e.i.r.p）限值 下行（dBm/通道）
1	42
2	35
3	23

注：在能够满足民用无人驾驶航空器遥测、信息传输的条件下，应尽可能使用低功率进行发射。

（三）频率容限

不大于 20×10^{-6}。

（四）发射机邻道泄露比限值

工作频段 （MHz）	第一邻道 泄露比限值	第二邻道 泄露比限值	备注
1430~1444	≥40 dB	≥60 dB	信道合并使用时按照单信道指标执行。

（五）杂散发射限值

频率范围	限值	测量带宽	检波方式
9 kHz~150 kHz	−36 dBm	1 kHz	RMS（均方根检波，下同）
150 kHz~30 MHz	−36 dBm	10 kHz	RMS
30 MHz~1 GHz	−36 dBm	100 kHz	RMS
1 GHz 以上	−30 dBm	1 MHz	RMS

（六）接收机邻道选择性限值

工作频段 （MHz）	第一邻道 选择性限值	第二邻道 选择性限值	备注
1430~1444	≥40 dB	≥60 dB	信道合并使用时按照单信道指标执行。

（七）测试方法

以上频段无线电发射设备技术要求的相关测试方法另行制定。

二、按照微功率短距离管理的民用无人驾驶航空器通信系统无线电发射设备技术要求

（一）使用频率范围

2400~2476 MHz、5725~5829 MHz。

（二）发射功率限值

1. 2400~2476 MHz 频段，不大于 10 dBm（e. i. r. p）；

2. 在 5725~5829 MHz 频段，不大于 14 dBm（e. i. r. p）。

（三）频率容限

不大于 20×10^{-6}。

（四）通用辐射发射要求

按照工业和信息化部公告 2019 年第 52 号中《微功率短距离无线电发

射设备目录和技术要求》执行。

（五）其他要求

基于蓝牙技术的设备不适用本条款。

三、除按微功率短距离无线电发射设备管理以外的 2400～2476 MHz 频段民用无人驾驶航空器通信系统无线电发射设备技术要求

（一）工作频率范围

2400～2476 MHz。

（二）等效全向辐射功率限值

不大于 20 dBm（e. i. r. p）。

（三）等效全向辐射功率谱密度限值

跳频工作方式下的限值：不大于 20 dBm/100 kHz。直接序列扩频或其它工作方式下的限值：不大于 10 dBm/MHz。具体计算公式为：

$$PSD_{\text{e. i. r. p}} = \sum_{k=1}^{n} (D_k + G_k) + G_{bf}$$

式中，$PSD_{\text{e. i. r. p}}$ 为等效全向辐射功率谱密度，n 为设备最大天线数，D_k 为端口功率谱密度，G_k 为天线增益，G_{bf} 为赋形增益。以上参数均使用对数量纲。

（四）频率容限

不大于 20×10^{-6}。

（五）带外发射功率限值

所使用频率上下限处的最大等效全向辐射功率谱密度应不大于 -80 dBm/Hz。

（六）杂散发射限值

频率范围	限值	测量带宽	检波方式
30 MHz～1 GHz	-36 dBm	100 kHz	RMS
1 GHz～12.75 GHz	-30 dBm	1 MHz	RMS

注：对应载波 2.5 倍信道带宽以外为杂散域。

（七）特殊频段发射限值

频率范围	限值	测量带宽	检波方式
48.5~72.5 MHz	−54 dBm	100 kHz	RMS
76~118 MHz	−54 dBm	100 kHz	RMS
167~223 MHz	−54 dBm	100 kHz	RMS
470~702 MHz	−54 dBm	100 kHz	RMS
2300~2380 MHz	−40 dBm	1 MHz	RMS
2380~2390 MHz	−40 dBm	100 kHz	RMS
2390~2400 MHz	−30 dBm	100 kHz	RMS
2400~2476 MHz*	−33 dBm	100 kHz	RMS
2476~2483.5 MHz	−33 dBm	100 kHz	RMS
2483.5~2500 MHz	−40 dBm	1 MHz	RMS
5150~5350 MHz	−40 dBm	1 MHz	RMS
5725~5850 MHz	−40 dBm	1 MHz	RMS

＊注：2400~2476 MHz 频段杂散限值要求为带内杂散发射。

（八）测试方法

以上频段无线电发射设备技术要求的相关测试方法按照相关行业标准执行。

（九）干扰规避要求

使用 2400~2476 MHz 频段的民用无人驾驶航空器通信系统无线电发射设备应具备干扰规避功能，相关使用和技术要求应符合《工业和信息化部关于加强和规范 2400 MHz、5100 MHz 和 5800 MHz 频段无线电管理有关事宜的通知》相关规定。

四、除按微功率短距离无线电发射设备管理以外的 5725~5829 MHz 频段民用无人驾驶航空器通信系统无线电发射设备技术要求

（一）工作频率范围

5725~5829 MHz。

（二）等效全向辐射功率限值

不大于 30 dBm（e.i.r.p）。

计算公式为：

$$P_{\mathrm{e.i.r.p}} = \sum_{k=1}^{n} (A_k + G_k) + G_{bf}$$

式中，$P_{\mathrm{e.i.r.p}}$ 为等效全向辐射功率，n 为设备最大天线数，A_k 为端口功率，G_k 为天线增益，G_{bf} 为赋形增益。以上参数均使用对数量纲。

（三）等效全向辐射功率谱密度限值

不大于 19 dBm/MHz。

计算公式为：

$$PSD_{\mathrm{e.i.r.p}} = \sum_{k=1}^{n} (D_k + G_k) + G_{bf}$$

式中，$PSD_{\mathrm{e.i.r.p}}$ 为等效全向辐射功率谱密度，n 为设备最大天线数，D_k 为端口功率谱密度，G_k 为天线增益，G_{bf} 为赋形增益。以上参数均使用对数量纲。

（四）频率容限

不大于 20×10^{-6}。

（五）带外发射功率限值

使用频率上下限处的最大等效全向辐射功率应不大于 -80 dBm/Hz。

（六）杂散发射限值

频率范围	限值	测量带宽	检波方式
30 MHz ~ 1 GHz	− 36 dBm	100 kHz	RMS
1 GHz ~ 26 GHz	− 30 dBm	1 MHz	RMS

注：对应载波 2.5 倍信道带宽以外为杂散域。

（七）特殊频段发射限值

频率范围	限值	测量带宽	检波方式
48.5 ~ 72.5 MHz	− 54 dBm	100 kHz	RMS
76 ~ 118 MHz	− 54 dBm	100 kHz	RMS
167 ~ 223 MHz	− 54 dBm	100 kHz	RMS
470 ~ 702 MHz	− 54 dBm	100 kHz	RMS
2400 ~ 2483.5 MHz	− 40 dBm	1 MHz	RMS
2483.5 ~ 2500 MHz	− 40 dBm	1 MHz	RMS

频率范围	限值	测量带宽	检波方式
5150～5350 MHz	−40 dBm	1 MHz	RMS
5470～5705 MHz	−40 dBm	1 MHz	RMS
5705～5715 MHz	−40 dBm	100 kHz	RMS
5715～5725 MHz	−30 dBm	100 kHz	RMS
5725～5829 MHz *	−33 dBm	100 kHz	RMS
5829～5850 MHz	−33 dBm	100 kHz	RMS
5850～5855 MHz	−30 dBm	100 kHz	RMS
5855～7125 MHz	−40 dBm	1 MHz	RMS

＊注：5725～5829 MHz 频段杂散限值要求为带内杂散发射。

（八）测试方法

以上频段无线电发射设备技术要求的相关测试方法按照相关行业标准执行。

（九）干扰规避要求

使用 5725～5829 MHz 频段的民用无人驾驶航空器通信系统无线电发射设备应具备干扰规避功能，相关使用和技术要求应符合《工业和信息化部关于加强和规范 2400 MHz、5100 MHz 和 5800 MHz 频段无线电管理有关事宜的通知》相关规定，或满足如下"监测与避让"技术要求：

1. 基于跳频技术的 5725～5829 MHz 频段民用无人驾驶航空器通信系统无线电发射设备"监测与避让"技术要求

在正常运行期间，基于跳频技术的无线电发射设备应评估每个跳频频率的占用情况。如果发现某跳频频率当前信号的电平高于检测阈值，则该跳频频率应标记为"不可用"；跳频频率应保持不可用的最短时长为 1 s 或设备当前使用的跳频频率数量的 5 倍乘以信道占用时间的时长，以较大者为准。在此静默期内不得在该跳频频率传输信息。在此之后，该频率可再次被视为"可用"频率。

最大信道占用时间原则上应不大于 40 ms。对于驻留时间大于 40 ms 的设备，其空闲时间不小于最大信道占用时间的 5% 且不小于 100 μs。

被标记为"不可用"的跳频频率，仅允许短控信令信号发射，短控信令信号占空比应小于等于 10%。

检测阈值：不大于 − 70 dBm/MHz。

2. 基于非跳频技术的 5725 ~ 5829 MHz 频段民用无人驾驶航空器通信系统无线电发射设备"监测与避让"技术要求

在正常运行期间，基于非跳频技术的无线电发射设备应评估当前正在使用的信道频率的占用情况。如果发现当前信号的电平高于检测阈值，则该信道频率应标记为"不可用"；被标记为"不可用"的频率至少维持不可用状态的时长为 1 s。在此之后，该频率可再次被视为"可用"频率。

最大信道占用时间应不大于 40 ms。每个发射序列后应留有空闲时间，该空闲时间至少为 5% 的最大信道占用时间且不得少于 100 μs。

检测阈值：不大于 − 70 dBm/MHz。

附录六　民用微轻小型无人驾驶航空器系统运行识别概念（暂行）

（2022 年 3 月 11 日，中国民用航空局下发）

1　总则

1.1　目的

近年来，我国民用无人驾驶航空器（以下简称无人驾驶航空器）数量呈爆发式增长，在促进经济社会发展的同时，航空安全和公共安全也面临挑战。为保障航空安全和公共安全，促进无人驾驶航空器产业快速健康发展，迫切需要对无人驾驶航空器进行科学合理有序管理。实现对无人驾驶航空器系统的运行识别和可靠监视是安全监管的关键，也是提供空中交通服务的前提。

民用微轻小型无人驾驶航空器系统运行识别是以可靠识别飞行阶段的无人驾驶航空器、降低航空活动的碰撞风险为目的，面向运行场景、基于运行风险，针对民用微轻小型无人驾驶航空器系统提出的飞行活动管理要求。

运行概念（ConOps）是从顶层设计对上述管理要求的目的、依据、原则、作用、适用范围、运行相关方、运行要求以及典型运行场景等相关内容进行说明为后续提出和制定具体的运行方案、运行识别系统相关功能模块的最低性能要求及相关技术标准提供的基本遵循。

1.2 依据

本咨询通告依据《中华人民共和国民用航空法》《中华人民共和国飞行基本规则》《民用航空空中交通管理规则》，参考《无人驾驶航空器飞行管理暂行条例（草案)》（以下简称《条例》）制定。

1.3 基本原则

1.3.1 安全

确保不额外增加相关有人及无人驾驶航空器系统的运行安全风险。

1.3.2 效率

确保无人驾驶航空器系统运行识别相关要求高效执行。

1.3.3 共享

依据相关法律法规实现对运行识别数据的共享。

1.3.4 兼容

充分考虑与相关国际技术及标准的兼容性。

1.3.5 成本

充分考虑初始、使用和维护成本，包括但不限于无人驾驶航空器相关管理部门、无人驾驶航空器系统生产商、运行识别产品和服务提供者的管理和技术标准实施成本，以及无人驾驶航空器运行人遵守管理要求所需的成本，使之具备可操作性。

1.4 运行识别的作用

对民用无人驾驶航空器系统实施监视，为空管运行单位及其他相关单位和部门提供监视目标的实时动态信息。利用监视信息判断、跟踪空中航空器位置，获取监视目标识别信息，掌握航空器运行轨迹和意图、航空器间隔等运行态势，支持安全预警、运行高度监视等相关应用，提高安全监管和空管保障能力，提升安全水平和运行效率。

1.5 适用范围

1.5.1 无人驾驶航空器

《条例》将无人驾驶航空器分为五类，分别是微型、轻型、小型、中型和大型。除微型之外的无人驾驶航空器实施飞行活动，应当依照国家有关规定主动报送识别信息。微型、轻型、小型无人驾驶航空器在飞行过程中应自动广播识别信息。

考虑到中型和大型无人驾驶航空器将会采用与有人驾驶航空器类似的监视技术和管理要求，本咨询通告仅适用于所有民用微型、轻型和小型无人驾驶航空器。

1.5.2 空域

本咨询通告适用于在所有空域实施的飞行活动。现存不具备运行识别能力的民用无人驾驶航空器，可在相关管理部门指定的运行识别豁免区域实施飞行活动，而无需遵守运行识别相关管理要求。本咨询通告中所述运行识别豁免区域，由符合相关资质要求的单位或组织，按照规定的程序和要求向相关管理部门提出申请，经批准后方可使用。

1.5.3 运行人

从事飞行活动的个人或单位统称为运行人。除获得相关管理机构批准或在运行识别豁免区域从事飞行活动的情况外，任何运行人都应当遵守本咨询通告要求，确保民用微轻小型无人驾驶航空器系统在整个飞行过程中被可靠识别。

2 运行识别体系

本节对民用微轻小型无人驾驶航空器运行识别体系的框架、功能及其运行相关方进行说明。

2.1 体系框架

无人驾驶航空器运行识别体系框架如图1所示。

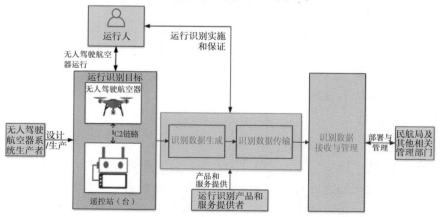

图1 无人驾驶航空器运行识别体系框架

2.2 功能组成

运行识别体系主要由识别数据生成、识别数据传输和识别数据接收与管理三个功能逻辑模块组成。

2.2.1 识别数据生成

识别数据生成是运行识别体系的关键部分，负责采集和生成满足要求的运行识别数据，如识别码数据、飞行动态数据和其他识别数据，详细的运行识别数据要求参见第 4 节。识别数据生成功能可由一个或多个物理模块组成。根据模块与无人驾驶航空器系统之间的集成度，一般有两种形式，即集成形式和独立形式。

● 集成形式：是指该模块与无人驾驶航空器系统完全集成，所采集上报的运行识别数据全部来自无人驾驶航空器系统，如无人驾驶航空器定位/导航设备输出的经纬度、速度和高度等数据。

● 独立形式：是指该模块独立于无人驾驶航空器系统，所采集上报的运行识别数据来自本模块，如该模块具有独立的定位/导航设备，安装到无人驾驶航空器机身后，采集和上报本模块的运行识别数据作为无人驾驶航空器的运行识别数据。

2.2.2 识别数据传输

识别数据传输可通过多种可行的技术实现数据的可靠传输。常见的传输方式有两种：无线广播和联网上报。识别数据传输功能可由一个或多个物理传输模块组成。

1）无线广播：是指通过无线电直接向外广播运行识别数据，不依赖任何移动网络基础设施，在广播信号的有效覆盖范围内通过广播接收机直接接收广播信号。

2）联网上报：联网上报方式有多种，包括但不限于通过无线移动通信网络、卫星通信网络或有线网络直接上报。

通过无线移动通信网络或卫星网络上报的方式，识别数据传输依赖移动通信或卫星通信基础设施。如利用现有公共 4G/5G 等蜂窝移动通信网络或卫星通信网络来传输运行识别数据。该传输方式通常有两种实现方法：一种方法是无人驾驶航空器以集成形式或独立形式接入蜂窝移动网络或卫星通信网络，实现网络连接，上报运行识别数据；另一种方法是遥控台（站）首先通过 C2 链路获得无人驾驶航空器的运行识别数据，然后利用遥控台（站）的网络通信模块连接网络，并上报无人驾驶航空器运行识别数据，如利用连接遥控台（站）的移动智能终端连接蜂窝移动通信网络并上报数据。

连接有线网络直接上报方式，使用有线网络直接传输运行识别数据，而无需使用无线通信网络。如室内联网远程控制无人驾驶航空器的遥控台（站）在已经通过有线方式连接了以太网的情况下，该遥控台（站）可使用有线网络直接传输运行识别数据。

无人驾驶航空器在运行过程中，运行人应采用必要的传输方式上报运行识别数据，确保无人驾驶航空器被可靠监视和识别。

2.2.3 识别数据接收和管理

识别数据接收是指相关管理部门通过设备或系统接收运行识别数据。采用的识别数据传输方式的不同，对应的接收方式也有所差异。无线广播传输方式，应采用特定的广播接收设备来接收数据；联网上报传输方式，应部署联网的设备或系统来接收数据。识别数据的管理包括但不限于数据的分析、存储和共享。识别数据的管理应当遵守数据安全相关法律法规。

2.3 运行相关方

2.3.1 民航局

民航局负责民用无人驾驶航空器运行识别管理要求的制定，提出最低性能要求，监督相关责任方的执行，接收和管理运行识别数据。

2.3.2 运行人

在从事民用微轻小无人驾驶航空器飞行活动前，运行人应当按照民航局关于民用无人驾驶航空器实名登记管理要求，在民航局无人驾驶航空器实名登记系统中完成登记。从事民用微轻小型无人驾驶航空器飞行活动时，除获得相关管理机构批准或在运行识别豁免区域从事飞行活动的情况外，运行人应遵守运行识别相关要求。

2.3.3 无人驾驶航空器系统制造商

当无人驾驶航空器系统包含识别数据生成和/或识别数据传输功能时，无人驾驶航空器制造商应满足运行识别的最低性能要求和相关技术标准，设计和生产无人驾驶航空器系统。

2.3.4 运行识别产品和服务提供者

无人驾驶航空器运行识别产品和服务提供者向运行人提供无人驾驶航

空器运行识别产品和服务，确保满足无人驾驶航空器运行识别的相关技术要求和管理要求。

如：运行识别产品和服务提供者可以向无人驾驶航空器运行人提供识别数据生成和传输产品和服务，并根据相关管理和技术要求将运行识别数据实时发送给识别数据接收设备或系统。无人驾驶航空器系统制造商也可以是运行识别产品和服务提供者。

2.3.5 其他相关管理部门

其他相关管理部门是指对无人驾驶航空器在生命周期不同阶段实施相关管理的部门，包括但不限于：公安、工业和信息化等部门。相关管理部门可以通过多种方式获取无人驾驶航空器的运行识别信息，如部署无线广播接收设备直接接收识别数据，或通过连接民航局部署的相关系统，获取无人驾驶航空器系统联网上报的运行识别数据。

3 运行要求

3.1 运行识别数据报送

除获得相关管理机构批准或在运行识别豁免区域从事飞行活动的情况外，运行人应使用满足运行识别数据生成和传输性能要求的无人驾驶航空器系统产品或运行识别产品和服务，采用必要的运行识别数据传输方式上报无人驾驶航空器运行识别数据，确保无人驾驶航空器在整个飞行过程中被可靠识别。

在整个飞行活动过程中，应确保无人驾驶航空器及其操控人员都处在该运行识别豁免区域范围内。

无法将遥控台（站）位置信息发送至监管方的运行，仅允许视距内飞行。如使用独立形式进行识别数据传输的无人驾驶航空器无法将遥控台（站）位置信息发送至监管方的运行。

3.2 传输失效处置

对于轻小型无人驾驶航空器，如发生因不可抗力因素或客观通信条件导致的通信中断，应当暂存通信中断期间的运行识别数据，并在通信恢复后补充报送。除此以外，当无人驾驶航空器所必要的数据传输方式失效时，运行人应采取必要安全措施，及时停止飞行活动。

3.3 禁止使用 ADS-B 发射机广播运行识别数据

微轻小型无人驾驶航空器使用 ADS-B 发射机会对有人驾驶航空器的 ADS-B 功能和性能产生有害干扰。因此，禁止本咨询通告适用范围内的无人驾驶航空器在任何空域使用 ADS-B 发射机广播运行识别数据，但本咨询通告不禁止在无人驾驶航空器上加装 ADS-B 接收机来实现无人驾驶航空器对有人驾驶航空器的感知和识别。

4 运行识别数据

运行识别数据是指实现无人驾驶航空器运行识别所需的数据。运行识别数据可分为识别码数据、飞行动态数据和其他识别数据。

4.1 识别码数据

识别码数据是指用于识别无人驾驶航空器的产品识别码，以及用于识别其注册人的实名登记号。为了保护运行人隐私，识别码数据不应包含与运行人隐私相关的数据。

4.1.1 产品识别码

产品识别码为无人驾驶航空器整机产品或识别数据生成/传输模块产品的唯一识别码。该产品识别码是运行识别体系最小数据集中的关键信息，用于标识无人驾驶航空器及其产品识别信息的唯一性。无人驾驶航空器产品和识别数据生成/传输模块产品的识别码编码规则及要求应符合相关国家标准。

4.1.2 实名登记号

实名登记号是指在民航局无人驾驶航空器实名登记系统中完成登记后，系统自动分配的登记号。实名登记可以实现无人驾驶航空器产品识别码、注册人与实名登记号的绑定。

除微型无人驾驶航空器外，运行识别体系仅需要上报产品识别码或实名登记号。如仅使用识别数据生成/传输模块上报产品识别码，则应在实名登记系统中完成无人驾驶航空器信息与该模块产品识别码的绑定，以便根据模块的产品识别码索引出无人驾驶航空器及注册人信息。

4.2 飞行动态数据

4.2.1 位置

位置是指无人驾驶航空器当前时刻所在的空间位置，包括坐标系类型、经纬度、高和高度。

坐标系类型支持 WGS-84、CGCS2000 等，默认采用 WGS-84。

经纬度：无人机当前时刻所在位置的经度和纬度。

高：无人机当前时刻所在位置相对于起飞点所在基准面的垂直距离。

高度：无人机当前时刻所在位置的海拔高度，默认使用 1985 国家高程。

4.2.2 时间

时间信息包括待上报识别数据的时间戳和累计飞行时间。待上报识别数据的时间戳是指获取到变化的原始识别数据的时刻点。如从定位/导航设备获取到无人驾驶航空器当前位置数据的时刻点。当采用无线广播传输识别数据时，时间戳可用于识别无线电回放攻击。累计飞行时间为本次飞行开始时刻到当前时刻的飞行时间总和。

4.2.3 速度和航迹角

无人驾驶航空器的速度包括水平速度和垂直速度。水平速度为无人驾驶航空器当前时刻相对地面的飞行速度。垂直速度为无人驾驶航空器当前时刻上升或下降的速度。航迹角为当前时刻无人驾驶航空器所在位置真北方向顺时针量至地速方向的夹角。这些数据可用于预测无人驾驶航空器的飞行轨迹以及运行风险。

4.2.4 准确性和运行状态指示

准确性是指当前上报的位置、时间、速度和航迹角等识别数据的可信程度。运行状态指示是指无人驾驶航空器当前所处的运行状态，可能包括无人驾驶航空器处于地面待机状态或空中飞行状态，以及飞行处于正常状态或失控等紧急状态。

4.3 其他识别数据

4.3.1 遥控台（站）的位置

遥控台（站）的位置包括经纬度和高度。高度坐标系应与无人驾驶航空器相同。当遥控台（站）位置有效且可获得时，应报送遥控台（站）的经纬度和高度，否则应报送无人驾驶航空器起飞点的经纬度和高度。

4.3.2 飞行目的指示

飞行目的指示是指用于标记本次飞行活动目的的指示。此数据便于相关管理部门尽快识别飞行活动的目的及风险。

5 功能要求

5.1 功能自检和结果通知

功能自检与结果通知是指对自身功能可用性进行的实时检查，并把检查结果通知运行人的能力。无人驾驶航空器从起飞到着陆期间都需具备该能力。

识别数据生成功能模块应具备数据准确性和完整性的自检功能和实时输出自检结果的能力。识别数据传输功能模块应具备传输通道状态的自检功能和实时输出自检结果的能力。

5.2 无线广播的频谱和干扰

当使用无线广播方式传输识别数据时，应符合国家无线电相关管理规定和技术标准，不能对无人驾驶航空器的无线通信系统，包括 C2 链路产生有害干扰。

5.3 无线广播的协议兼容性和发射功率

为了降低无线广播传输方式的实施成本，无线广播应考虑采用成熟且被公众广泛应用的通信协议，以实现与公众广泛使用设备的兼容，如 WLAN 或蓝牙通信协议。

为了增加无线广播的覆盖范围，应在遵守国家无线电相关管理规定和技术标准的前提下，采用全向天线以不小于特定的发射功率广播数据。特定的发射功率主要依赖于相关管理部门对无人驾驶航空器监视和识别范围的需求，同时还需考虑无线电频段、现有天线技术水平和无人驾驶航空器结构及运行特点等影响覆盖范围的因素。

5.4 数据源延时和上报间隔

数据源延时是指获取运行识别原始数据到发起数据传输之间的延时。数据源延时可以用来表征数据源的实时性。

数据上报间隔与接收数据的实时性需求相关。通常数据传输间隔越小，数据接收的实时性越高。但是，过小的传输间隔可能导致功耗增大，对于无线广播系统还可能导致频谱利用率较低，无线系统容量缩小。因此，应从安全需求角度分析能够接受的最低数据实时性需求，从而推算出数据传输的最大间隔。

5.5 数据防篡改和防伪造

首先，运行识别各功能逻辑模块应具备防篡改和防伪造能力，降低运行识别数据被篡改和伪造的可能性。其次，应采取与对应风险相匹配的安全技术和标准，保证运行识别数据在生成、传输、接收和管理过程中的真实性。

5.6 网络安全

运行识别各功能逻辑模块应采取与对应风险相匹配的网络安全技术、标准和机制防范网络安全风险。

6 典型场景

6.1 场景1——微型无人驾驶航空器的运行识别

场景描述：运行人操控具备无线广播能力的微型无人驾驶航空器。在整个飞行过程中，无人驾驶航空器自动广播其运行识别数据。

相关管理部门、执法者，以及公众在无线广播信号的覆盖范围内，可直接使用无线广播接收设备识别到附近的微型无人驾驶航空器。

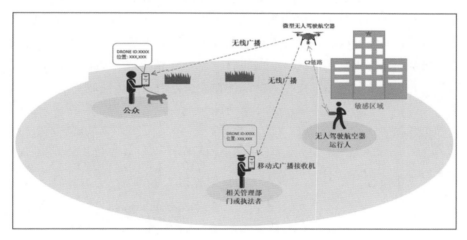

图2 微型无人驾驶航空器的运行识别

6.2 场景2——轻小型无人驾驶航空器的运行识别

场景描述：运行人使用轻小型无人驾驶航空器从事飞行活动，运行人应采用联网上报和无线广播两种传输方式满足运行识别要求。

相关管理部门、执法者通过网络接入识别数据接收和管理功能模块获得该无人驾驶航空器当前和历史飞行动态数据以及遥控台（站）的位置。

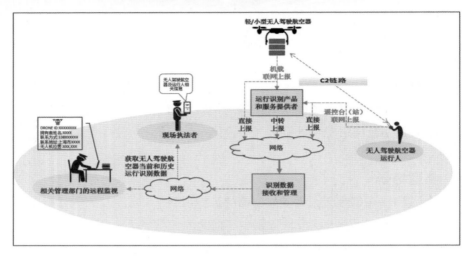

图 3　轻小型无人驾驶航空器的运行识别

6.3　场景 3——无运行识别能力的无人驾驶航空器运行识别

对于现存不具备运行识别能力的无人驾驶航空器，包括生产批次较早的无人驾驶航空器或航空爱好者自制的无人驾驶航空器等，应在相关管理部门指定的运行识别豁免区域实施飞行活动。在整个飞行活动过程中，应确保无人驾驶航空器及其操控人员都处在该运行识别豁免区域范围内。

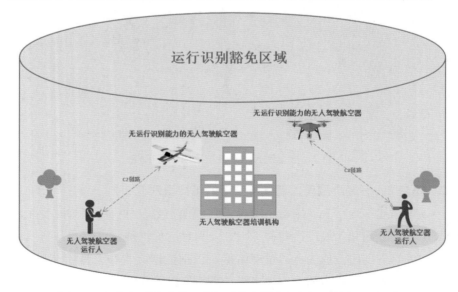

图 4　无运行识别能力的无人驾驶航空器在运行识别豁免区域飞行

参考文献

［1］周斌. 无人机原理、应用与防控［M］. 北京：清华大学出版社，2023.

［2］夏朋. 针对民用小型无人机的干扰与反制技术研究［D］. 成都：电子科技大学，2018.

［3］冯伟坡. 小型民用无人机无线电反制技术研究［D］. 西安：西安电子科技大学，2021.

［4］范哲. 中国民用无人机地方监管立法的发展与启示［C］. 上海：上海市法学会，2021.

［5］向文豪，王栋，刘佳，等. 无人机反制需求分析与技术谱系［J］. 科技导报，2020.

［6］车颖，冯登超，齐霞. 对无人机反制系统加强监管的思考［J］. 公安教育，2020.

［7］姚尧. 无人机反制领域面临的问题及对策［J］. 大众标准化，2023，（08）：148－150.

［8］王双宇，彤鑫，肖东升，等. "低慢小"无人机反制技术发展现状与趋势［C］. 北京：中国指挥与控制学会，2022.

［9］肖庆超. 民用反无人机电磁干扰关键技术研究［D］. 福州：福建工程学院，2022.

［10］李晓宇. 无人机反制技术装备在低空空域管理中的应用［J］. 中国安防，2023.

［11］胡杭，刘彬，黄兴龙，等. 应对无人机恐怖袭击活动策略分析［J］. 飞航导弹，2020.

［12］吴浩，徐婧，李刚. 无人机探测与反制技术发展现状及建议［J］. 飞航导弹，2020.

［13］李林莉，程旗，张荔，等. 反无人机技术研究现状综述［J］. 飞航导弹，2021.

［14］深圳市无人机行业协会. 低慢小无人机探测反制系统通用要求［S］，2021.

［15］淮安市公安机关无人机反制工作规范［Z］，2022.

［16］梁延峰，王欣九，张博，等. 城市环境下反无人机技术发展设想［J］. 中国电子科学研究院学报，2023.

[17] 黄璇，沈鸿平，彭琦. 低慢小无人机监测与反制技术对比分析 [J]. 飞航导弹，2020.

[18] 蒋冬婷，范长军，雍其润，等. 面向重点区域安防的无人机探测与反制技术研究 [J]. 应用科学学报，2022.

[19] 程擎，伍瀚宇，吉鹏，等. 民用无人机反制技术及应用场景分析 [J]. 电讯技术，2022.

[20] 李振华. 激光武器在无人机反制中的发展趋势 [J]. 武警学院学报，2021.

[21] 张颜颜，陈宏，鄢振麟，等. 高功率微波反无人机技术 [J]. 电子信息对抗技术，2020.

[22] 张贝贝. 城市无人机防御管理系统的设计与实现 [D]. 西安：西安电子科技大学，2022.

[23] 王水璋，姜健，王勇. 低空安全监测管理系统的探索与研究 [J]. 电子测量技术，2018.

[24] 李立欣，王大伟. 无人机防控技术 [M]. 北京：清华大学出版社，2021.

[25] 刘佳茜，孙永生，杨云川. 关于加强穿越机安全管控的建议 [J]. 公安研究，2022.

[26] 王锐锋. 浅谈无人机在民航系统中的管理与应用 [J]. 电脑知识与技术，2017，13（24）：196 – 197＋201.

[27] 谢昊宸. 无人机在民航系统中的管理与应用探究 [J]. 中国设备工程，2018，（13）：30 – 31.

[28] 杨迪. 基于 GIS 的无人货机三维航线规划研究 [D]. 广汉：中国民用航空飞行学院，2021.

[29] 韩建昌. 我国通用航空文化建设研究 [D]. 西安：西北工业大学，2016.

[30] 范殿梁，龚海烈. 无人机防控雷达技术研究及应用 [J]. 警察技术，2019，（03）：8 – 11.

[31] 张亚男，黄晓林. 民用无人机市场发展和创新中的隐私保护 [J]. 信息安全与通信保密，2017，（02）：89 – 96.

[32] 杨润静. 我国通用航空安全文化建设思路研究 [J]. 中国战略新兴产业，2018，（24）：59 – 60.

[33] 周凯. GPS 延迟映射接收机方案设计 [D]. 北京：中国科学院研究生院（电子学研究所），2007.

[34] 张欣. 2010—2020 年国内民用无人机法律监管问题研究综述 [J]. 滨州学院学报，2020，36（05）：35 – 43.

[35] 彭浩然. 区块链赋能无人机安全监管研究 [D]. 北京：中国人民公安大

学，2022.

[36] 高桂英，郑腾飞. 干扰无线电通信行为的法律责任［J］. 中国无线电，2007，（05）：22－26.

[37] 崔荣起，解丽华. 强化无线电管理的四种手段——学习《中华人民共和国无线电管理条例》［J］. 中国无线电管理，1994，（05）：6－7.

[38] 何敏. 刑事诉讼中利用无人机取证存在的问题及对策［J］. 哈尔滨师范大学社会科学学报，2017，8（06）：42－45.

[39] 张平，王秋萍，徐庆彬，等. 民用无人机分级分类管理办法综述［J］. 科技经济市场，2018，（09）：126－128.

[40] 全权，李刚，柏艺琴，等. 低空无人机交通管理概览与建议［J］. 航空学报，2020，41（01）：6－34.

[41] 周凯，廖炳阳. 无人机在黄浦江核心区海事监管应用的分析［J］. 中国海事，2021，（05）：36－38＋42.

[42] 张钰. 论我国刑事诉讼中无人机侦查取证［J］. 政法学刊，2022，39（03）：35－43.

[43] 栾大龙. 通用航空军民融合式发展回顾与展望［J］. 民航管理，2014，（06）：32－35.

[44] 张静，张科，王靖宇，等. 低空反无人机技术现状与发展趋势［J］. 航空工程进展，2018，9（01）：1－8＋34.

[45] 宋寅. 低慢小目标无人机防御系统的设计与实现［D］. 杭州：浙江工业大学，2018.

[46] 凌璁，王敬. 关于4G LTE FDD试验网严重干扰3G/4G TD商用网问题的分析［J］. 通讯世界，2014，（19）：17－18.

[47] 卢洪涛，陈玥. 基于无人机技术的5G基站巡检方案［J］. 广东通信技术，2018，38（04）：2－5.

[48] 张子麟. 民用无人机链路信号侦察与反制技术研究［D］. 成都：电子科技大学，2022.

[49] 杜丹. 民用无人驾驶航空器黑飞刑事法律问题研究［J］. 厦门广播电视大学学报，2018，21（04）：9－14.

[50] 石磊. 浅谈无人机控制方式及数据链路［J］. 电脑迷，2017，（07）：86.

[51] 昝霖. "低慢小"飞行器管理困境及管控工作构想［J］. 云南警官学院学报，2017，（04）：73－76.

[52] 李亚凝. 综合交通运输体系下无人机安全运行法律制度研究［J］. 中国法律评论，2018，（02）：169－179.

[53] 陈农田，王冠. 我国通用航空安全文化建设思路的探讨［C］//中国航空学会. 2013 年中国通用航空发展论坛论文集. 广汉：中国民用航空飞行学院航空工程学院，2013：4.

[54] 罗俊海，王芝燕. 无人机探测与对抗技术发展及应用综述［J］. 控制与决策，2022，37（03）：530－544.

[55] 刘明远. 民用无人机社会风险防控与法律监管［J］. 行政管理改革，2019，（08）：44－49.